侦探柯南

科学营地系列

9 新兴科技

知信阳光 编

二十一世纪出版社集团
21st Century Publishing Group

图书在版编目（CIP）数据

新兴科技 / 知信阳光编 . —南昌：二十一世纪出版社集团，2022.11
（名侦探柯南 . 科学营地系列；9）
ISBN 978-7-5568-6835-3

Ⅰ . ①新… Ⅱ . ①知… Ⅲ . ①科学技术 – 儿童读物
Ⅳ . ① N49

中国版本图书馆 CIP 数据核字（2022）第 186115 号

名侦探柯南科学营地系列 9　新兴科技
MINGZHENTAN KENAN KEXUE YINGDI XILIE 9 XINXING KEJI
知信阳光 编

出 版 人	刘凯军
编辑统筹	方　敏
责任编辑	袁　蓉
特约编辑	程晓波
封面设计	高　磊
设计制作	北京知信阳光文化发展有限公司
出版发行	二十一世纪出版社集团（江西省南昌市子安路 75 号　330025）
网　　址	www.21cccc.com
经　　销	全国各地新华书店
印　　刷	深圳市福圣印刷有限公司
版　　次	2022 年 11 月第 1 版
印　　次	2022 年 11 月第 1 次印刷
开　　本	720 mm × 960 mm　1/16
印　　张	8
印　　数	1~15，000 册
字　　数	100 千字
书　　号	ISBN 978-7-5568-6835-3
定　　价	25.00 元

赣版权登字 -04-2022-522

购买本社图书，如有问题请联系我们：扫描封底二维码进入官方服务号。
服务电话：0791-86512056（工作时间可拨打）；服务邮箱：21sjcbs@21cccc.com。

致小读者

只要有柯南在，就没有解不开的谜题。不管案情多么复杂，凶手多么狡猾，他总能排除干扰，冷静判断，揪出幕后黑手。

要想像柯南一样，成为一名出色的侦探，判断力是必须具备的才能之一。如果没有独立判断的能力，不经思考就轻信他人，很有可能会被牵着鼻子走，陷入谜团中，无法找到真正的凶手。

在《目击者是机器人》中，谷崎赳志在公司遇害，此前还被怀疑窃取了公司的机密。柯南揪住疑点继续追查，最后，一只老鼠机器人竟然指认真凶，证明了死者的清白。

在《新干线护送事件》中，高速行驶的列车上发生了一起命案，三名犯罪嫌疑人各执一词，为自己开脱。柯南没有轻信供词，而是通过思考，判断出谁是凶手。

在《博士的影音网站》中，一段上传到互联网的视频让吉田步美惨遭绑架，又突然得救。就在大家都以为这是一出闹剧时，柯南却一眼看穿绑匪偷天换日的把戏。

在《关门海峡的友情与危机》中，关门桥下发生了一桩命案，凶手主动到警局来自首，可是柯南通过死者身体留下的线索断定，真正的凶手另有其人。

在《烹饪教室意外事件》中，当教室陷入伸手不见五指的黑暗之中时，凶手是如何作案的呢？柯南在现场找到一副特殊的隐形眼镜，锁定了凶手。

在这五个案件中，我们能够看到许多新兴科技。比如人工智能、高速铁路、万物联网、极限工程、人工器官等。这些前沿的科学技术能够给予柯南灵感，帮助他破解谜题，同时也能够改变我们的生活，带来更加美好的未来。

现在就翻开书，一起来认识这些了不起的新兴科技，感受具有颠覆性的科技力量，开启一场奇趣盎然的侦探之旅吧！

登场人物

江户川柯南

真实身份是天才高中生侦探——工藤新一，擅长足球、滑板和推理。在被黑衣人灌下毒药APTX4869后身体缩小，变成一年级小学生的样子。工藤新一只好化名江户川柯南，寄宿在毛利兰家中。

毛利小五郎

毛利兰的父亲，私家侦探。在柯南的暗中帮助下，跻身名侦探行列，人称“沉睡的小五郎”。

毛利兰

工藤新一青梅竹马的朋友，帝丹高中二年级学生，擅长空手道。

少年侦探团
其他成员
小岛元太
帝丹小学一年级学生，柯南的同班同学。食量超级大，最喜欢吃鳗鱼饭。
吉田步美
帝丹小学一年级学生，柯南的同班同学。好奇心旺盛，还是个爱哭鬼，很喜欢柯南。
圆谷光彦
帝丹小学一年级学生，柯南的同班同学。爱学习，爱思考，知识渊博。
灰原哀
曾是黑衣组织成员，毒药APTX4869的研发者。为脱离组织而服下毒药，变成小学生模样。

目暮警官
东京警视厅搜查一科的警官，与毛利小五郎是故交。

高木涉
东京警视厅搜查一科刑警，目暮警官的部下。

阿笠博士
住在工藤新一隔壁的发明家，为工藤新一发明了许多实用的侦探装备。

佐藤美和子
东京警视厅搜查一科刑警，目暮警官的部下。

目录

目击者是机器人

侦探之眼

老鼠机器人
会让潜入房间的人
沾上特殊墨水，
然后再用传感器
对其进行识别。

目击者是机器人

毛利小五郎受公司社长久须美镜一的委托，前来调查盗取零部件并泄露情报的内贼，他们认定的内贼却在当晚遇害。看透真相的不仅有柯南，还有小小的老鼠机器人。

这里就是研究室。
吱吱吱——
嗯?
你这老鼠!
啪——
快住手!
这是我的机器人。
不好意思，不过你为什么要做这种东西呢?
谷崎赳志
公司职员
就是啊！为什么要用我们的高端技术做那种用来搞恶作剧的玩具啊?
堀内史华
公司职员
是为了吓唬女孩子吧。
一色和臣
公司职员

社长室
你觉得谁比较可疑?
我觉得是谷崎先生。
久须美镜一
久须美工机 社长
其实来之前，我调查了一下有情报泄露嫌疑的明星技术公司，结果拍到了这个。
我要报警!
他不会承认的，我们得当场揭发才行。
下班时间到了，一色和臣离开了公司。
叔叔，你为什么要扮成这个样子?
和对方公司约好的提案会是明天，所以内贼今晚肯定会有所行动。
你们没有闻到煤气味吗?
丁零丁零——
煤气泄漏了!

啊！
这门好像从里面锁住了。
让我来撞开它。
快把门撞开！
发生了什么？
砰！砰！
毛利小五郎他们把门撞开后，闻到了很浓的煤气味，于是赶紧把窗户打开。
啊！
煤气管断了，我去关总开关。
他怎么样了？
还是快报警吧。

嗯?
已经确认谷崎先生是窒息死亡。
不是煤气中毒吗?
他的脖子和手掌上有勒痕。
我们在窗户下方的灌木丛中发现了长约30米的绳子,它应该就是凶器了。
我们还发现他的后脑勺出血了。

谷崎先生的遗物中有一件这样的物品。你们知道这是什么吗？
这是我们正在开发的新型机器人的零部件。
外部人员是谁？
他是为了帮外部人员偷这个零部件而死的。
就是明星技术公司的牧田先生。
去查一下。
好。
请问案发时你们分别在什么地方？
我在 3 楼的社长办公室。
我在这一层的研究室。
我本来已经下班了，但有东西忘了拿，就回来了。

这起案件说不定很快就能侦破了。
如果真的是这样就好了。
那就是案发现场。
这是什么?
这好像不是普通的污渍。
对了，那时候……
老鼠机器人也在。

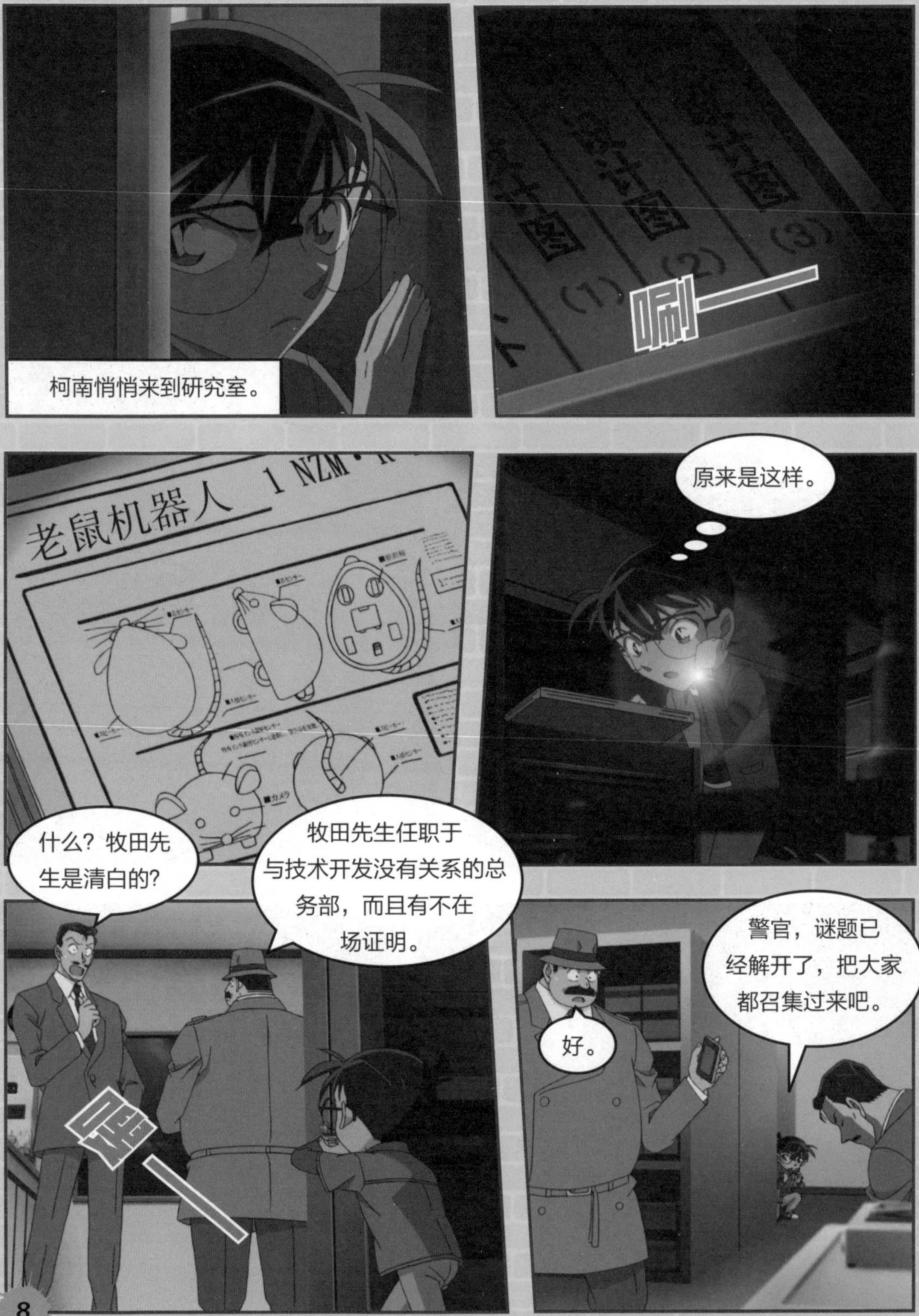
柯南悄悄来到研究室。
唰——
老鼠机器人 1 NZM
原来是这样。
什么？牧田先生是清白的？
牧田先生任职于与技术开发没有关系的总务部，而且有不在场证明。
警官，谜题已经解开了，把大家都召集过来吧。
好。

毛利先生，你已经知道凶手是谁了吗？

你之前说是谷崎先生泄露的机密，对吧？

不，实际上是谷崎先生想要凭一己之力抓住泄密的人。

谷崎先生的老鼠机器人其实是防盗用品。

凶手就是你吧，一色和臣先生！

这个机器人能够利用传感器来识别凶手。

太荒唐了，就算是利用人工智能也没办法查出凶手吧。

嘀嘀——

毛利先生，明明是你在操纵它！

老鼠机器人在一色和臣的脚边停下。

不，是机器人的传感器对你鞋尖上附着的特殊墨水产生了感应。
我回来了……怎么了吗?
高木涉进来后，老鼠机器人移动到他脚边，对着他的鞋子喷出了墨水。
吱——
啊!
一色先生，你的鞋子也是在你潜入房间的时候像这样沾上了墨水。
好吧，我承认，是我窃取了公司的机密。
我在和他推搡的时候的确打了他的头，但我没有用绳子勒他。
那谁是凶手?

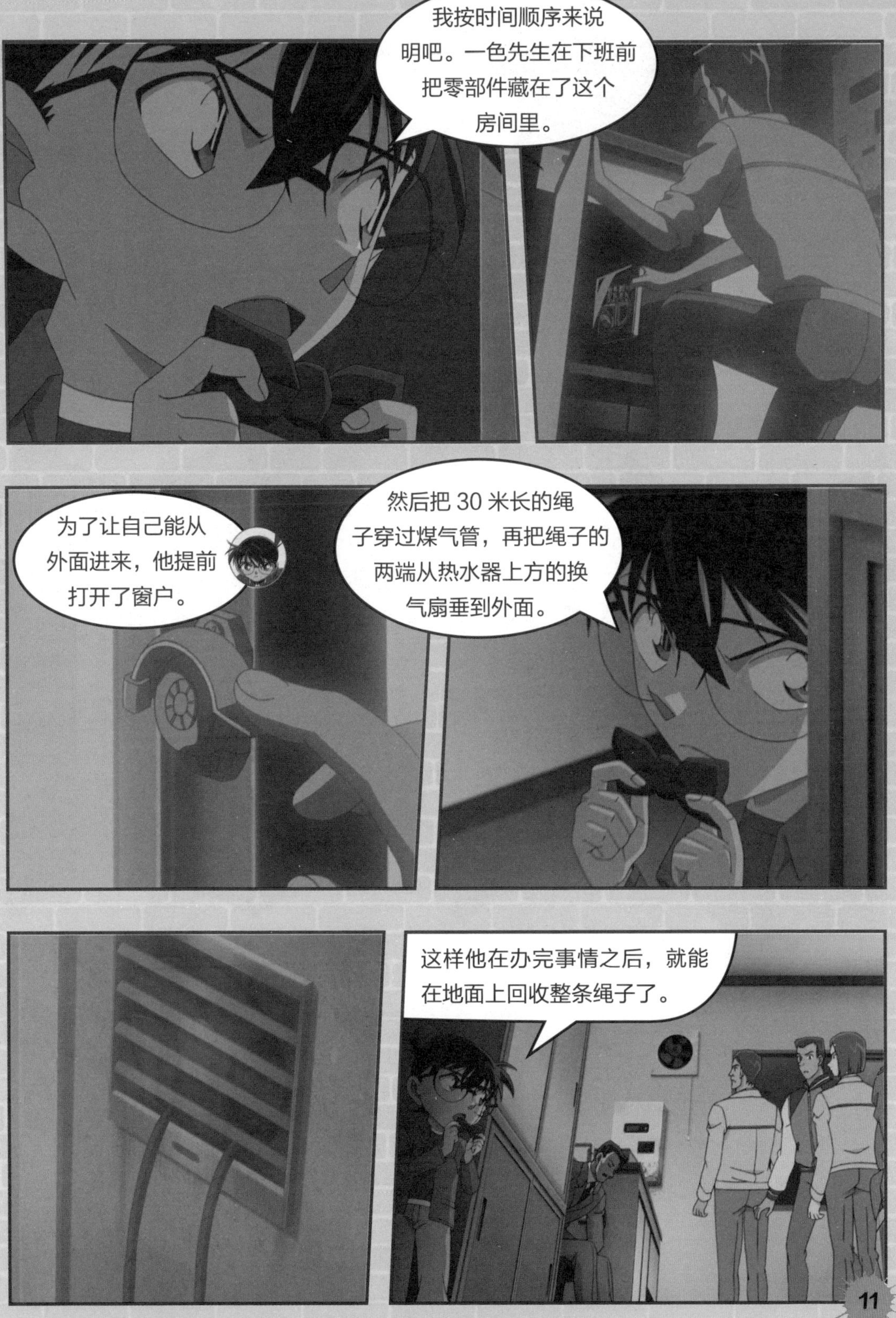
我按时间顺序来说明吧。一色先生在下班前把零部件藏在了这个房间里。
为了让自己能从外面进来，他提前打开了窗户。
然后把 30 米长的绳子穿过煤气管，再把绳子的两端从热水器上方的换气扇垂到外面。
这样他在办完事情之后，就能在地面上回收整条绳子了。

接着一色先生离开了公司，再偷偷回到窗户下。
他顺着绳子爬上墙，再从窗户进入房间。
他之所以没注意到机器人，是因为他看到了谷崎先生。
他们扭打起来，谷崎先生的头被打得出血了。
一色先生见状匆忙离开了，被绳子绕住的煤气管却不堪重负被弄断了。
他差点摔下去，但最终幸免于难。
一色先生在抵达地面后，把回收好的绳子藏在了灌木丛之中。

一色先生，你没有摔下去，是因为谷崎先生抓住了绳子。
然后，他因为担心被自己殴打的谷崎先生，又回到了公司。
但是谷崎先生无法承受这样的重量，绳子最终套在了他的脖子上，把他吊了起来。
不……不可能。
地板上的足迹，热水器上的痕迹，谷崎先生背上的铁锈……
一色先生，是你的一系列犯罪行为导致谷崎先生丧了命。
还有换气扇上的血迹，都是最好的证据。

阿笠博士科学馆

人工智能

欢迎来到“阿笠博士科学馆”，我是发明家阿笠博士。

人工智能已经走进我们的生活。你知道什么是人工智能吗？你的身边有人工智能吗？看完这个部分，你就会知道答案。

什么是人工智能

人工智能是指智能机器所执行的通常与人类智能有关的功能。如判断、推理、证明、识别、感知、理解、设计、思考、规划、学习、问题求解等。

人工智能的等级

第一级 简单控制程序

通过计算机编程，具备简单的控制程序。

代表：普通吸尘器、洗衣机、空调等。

第二级 具有感知和行为模式

对输入的信息进行探索和推导，做出恰当的判断。

代表：扫地机器人。

第三级 机器学习

以大数据为基础，自行学习规则和知识，然后进行判断。

代表：人工智能翻译机。

第四级 深度学习

即使不输入信息，也能从成千上万的信息中，自行学习和做出判断。

代表：阿尔法围棋。

第五级 泛人工智能

能够与人类进行信息交互，创造新的知识。

代表：暂未达到。

人工智能如何识别信息

人工智能的深度学习模式以多层结构的神经网络为基础，利用人工神经网络，模仿人类大脑来接收信息，使其像人一样自己学习。

脑神经网络

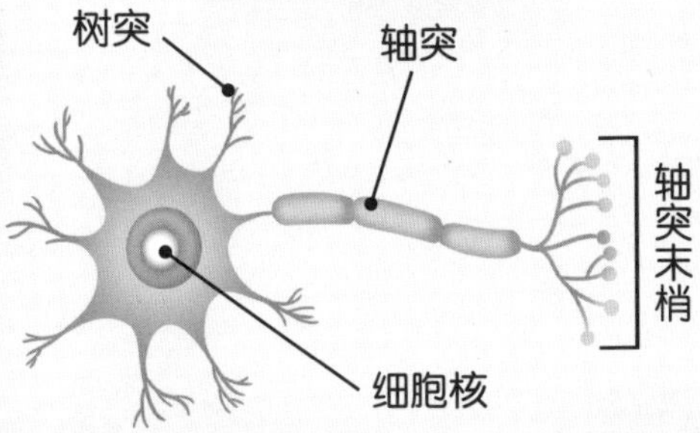

在脑神经网络中，神经细胞通过树突接受刺激，将刺激转换成电信号，传给轴突。

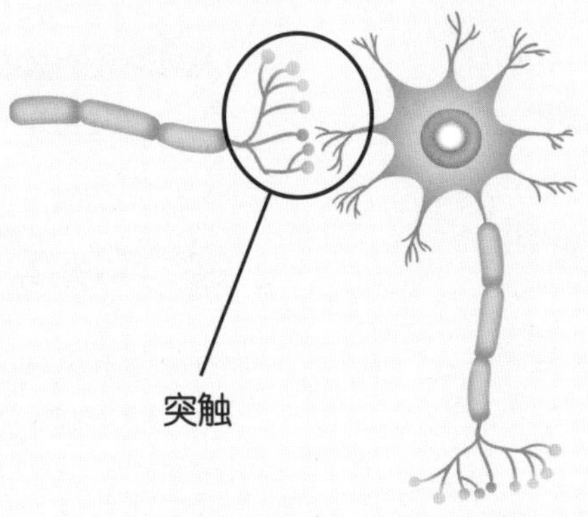

神经细胞通过突触，将刺激传递给其他神经细胞。

人工神经网络

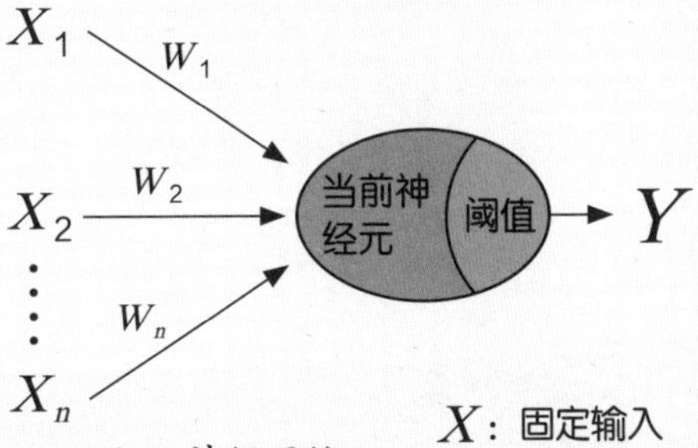

人工神经网络把外部的数据进行转换后输出。

X：固定输入

W：权重

Y：输出

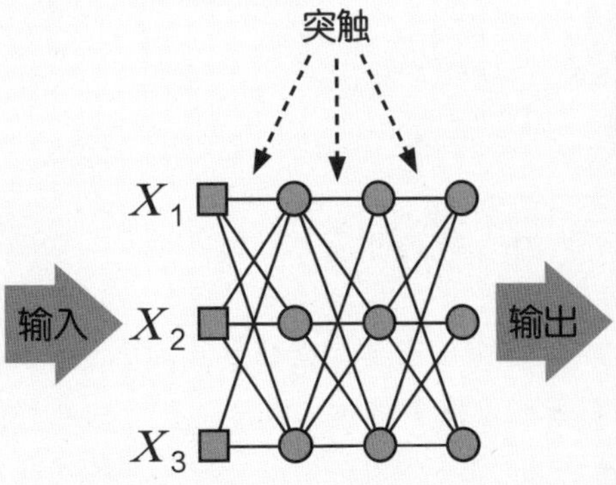

人工神经网络通过增加层数构成多层网络，来解决复杂的问题。

人工智能的发展

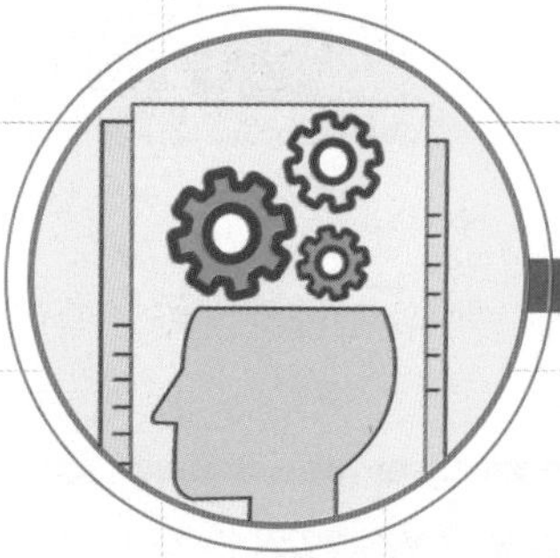

1950 年

英国人艾伦·图灵明确提出机器可以思考的可能性，为人工智能的诞生奠定了基础。

1956 年

在美国达特茅斯会议上，人们第一次提出“人工智能”一词。

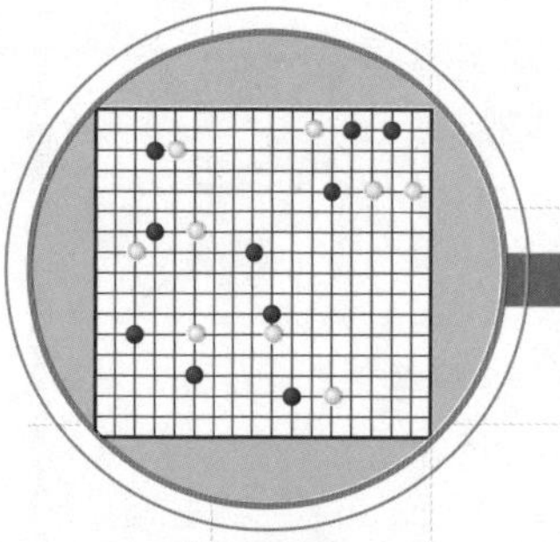

2017 年

“阿尔法围棋”战胜中国职业九段棋手柯洁。

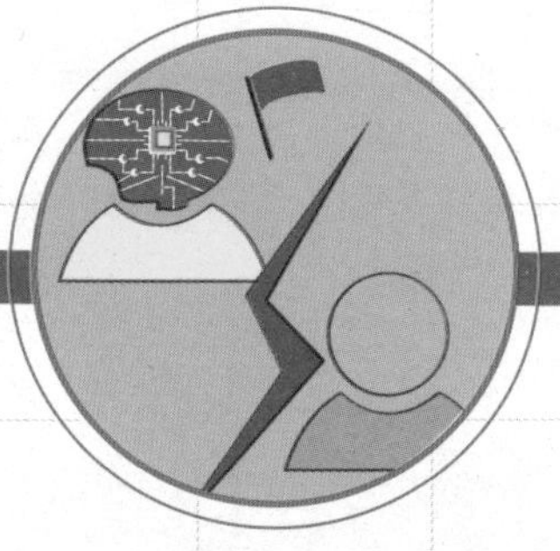

2016 年

谷歌旗下公司开发的人工智能“阿尔法围棋”在和韩国职业九段棋手李世石的围棋比赛中获胜。

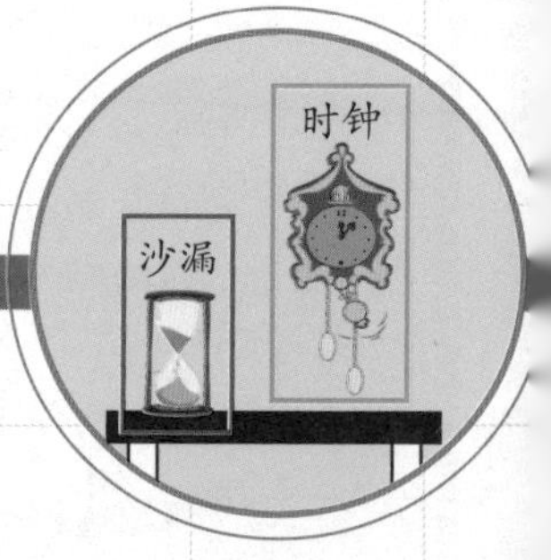

2014 年

微软公司公开人工智能物体识别项目“亚当”。

1997 年

美国 IBM 公司的“深蓝”（一台超级国际象棋电脑）战胜国际象棋世界冠军卡斯帕罗夫。

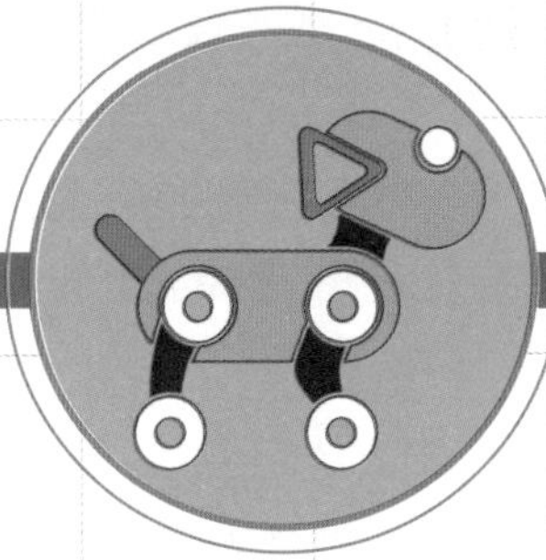

1999 年

日本索尼公司推出人工智能宠物狗机器人“AIBO”。

2005 年

五辆人工智能汽车成功通过了路况恶劣的沙漠赛道。

2011 年

IBM 公司的超级电脑“沃森”在一档智力竞猜节目中获胜。

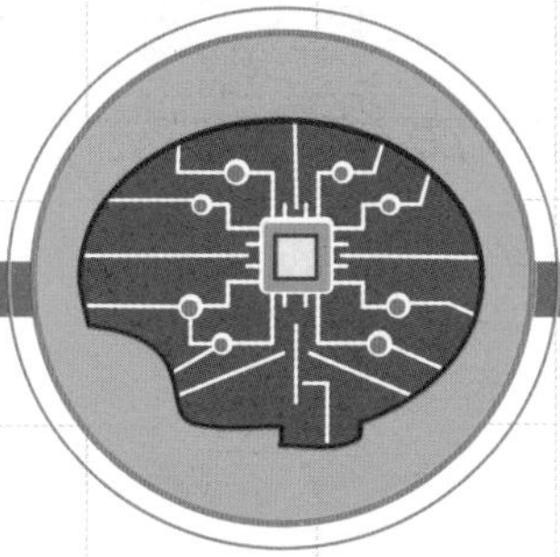

2012 年

加拿大多伦多大学构筑改善过的“深度学习”系统。

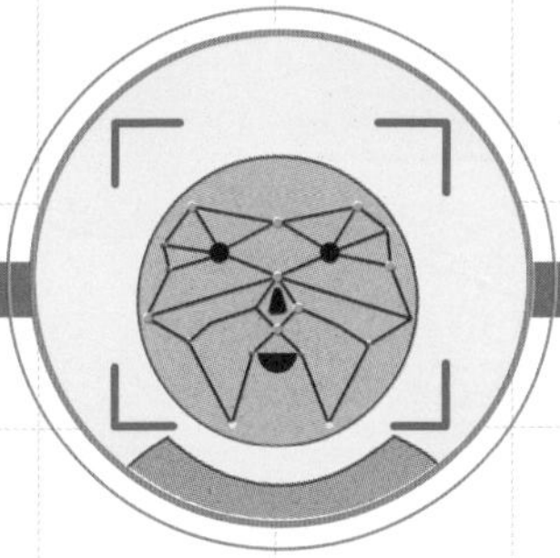

2014 年

脸书公司开发人工智能人脸识别程序。

智能家居

智能家居是以物联网为基础，具备智能系统的家。通过给家里各种物品安装传感器，让系统能够根据情况进行识别，然后对家里的物品进行操作，不需要手动一一调节。

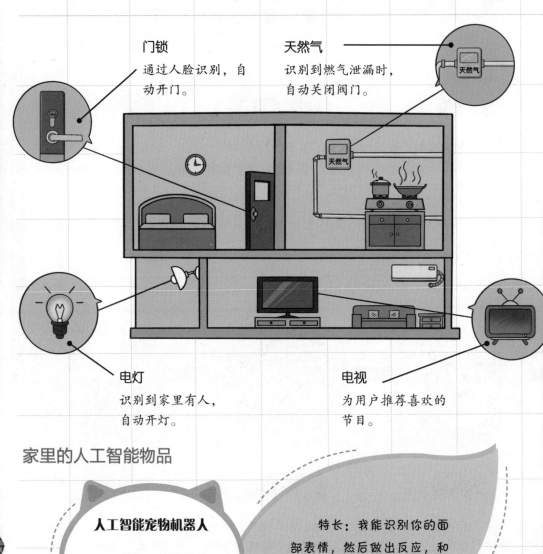

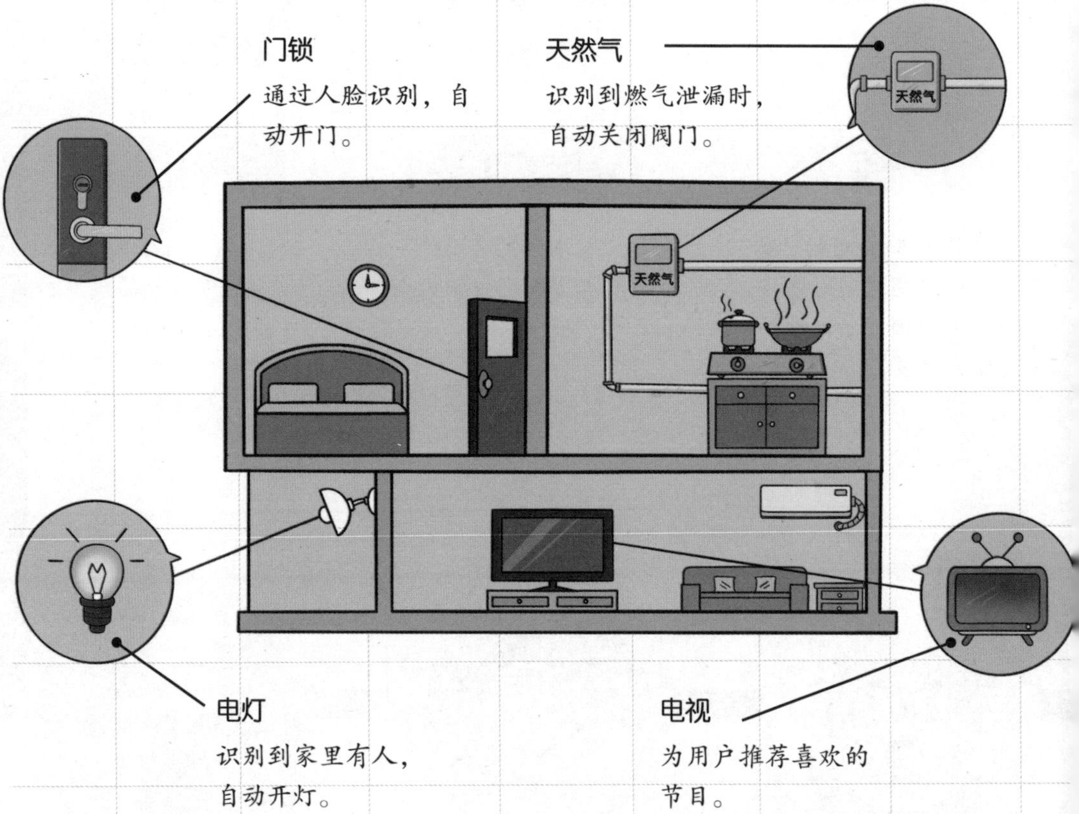

门锁
通过人脸识别，自动开门。
天然气
识别到燃气泄漏时，自动关闭阀门。
天然气
天然气
电灯
识别到家里有人，自动开灯。
电视
为用户推荐喜欢的节目。

家里的人工智能物品

人工智能宠物机器人

本领：我能贴心地陪伴在你身边。

特长：我能识别你的面部表情，然后做出反应，和你互动。

智能手表

本领：把我戴在手腕上，你的健康交给我来守护。

特长：我能检测你行走的距离、消耗的能量，还能测量你的脉搏，准确检测你的身体状况。

智能音箱

本领：只要你说出相应指令，我就会马上执行。

特长：不用通过电脑或智能手机，就可以对我进行语音控制。

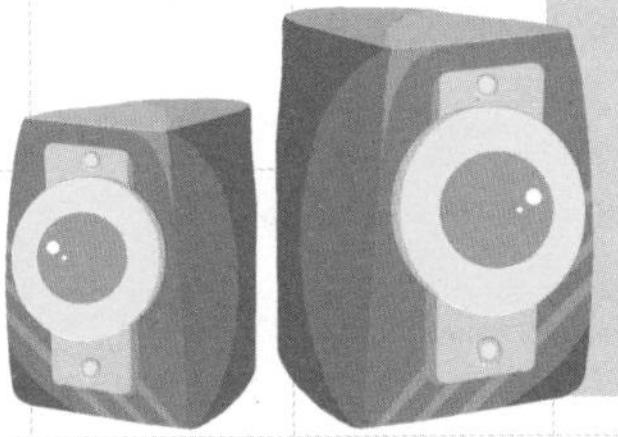

小秘密：越多人使用我，我的理解能力和识别能力就会越强。

烹饪机器人

本领：有了我，你一回到家就能吃到好吃的饭菜。

特长：我会很多种烹饪方法，还会搭配食材。

小秘密：从准备食材，到烹饪，到洗碗，我都会替你做。

各领域的人工智能

一、安全与人工智能

代表：智能管控系统

智能管控系统是国家机关为了管控而研制的系统。

在城市的管控系统中，最常见的是监控录像。

普通监控录像：录像、存储。

人工智能监控录像：

●可以感知行为和转动摄像头，当它怀疑有人举止异常或发现犯罪行为时，会马上把相关影像信息发给有关部门。

●可以监控到城市里的火灾，让消防车和救护车出动。

●可以通过道路影像，实时掌握交通状况。

●可以探测到网络攻击，并加以阻断。

应用了人工智能技术的犯罪应对系统是这样工作的：

1 治安信息收集

借助监控录像、汽车黑匣子、智能手机、社交网络服务获取信息。

2 大数据分析

先进治安人工智能系统进行数据分析。

3 实时应对

感知实时犯罪、实时追踪犯罪嫌疑人、显示调查结果，提供决策支持。

二、艺术与人工智能

代表：人工智能“本杰明”

本杰明在“读”了几十部科幻电影剧本后，通过学习，写出了长9分钟左右的电影剧本。

三、金融与人工智能

代表：智能咨询员

智能咨询员在接收客户的信息后，会做出恰当的答复，减少咨询人员的工作量。

四、法律与人工智能

代表：智能律师“ROSS”

ROSS在2016年被一家法律公司“聘用”。它阅读了大量资料，发挥了分析资料的作用。

五、医疗与人工智能

代表：沃森医生

IBM公司研发的“沃森医生”学习了大量医学论文和临床资料，并经过了数千小时的诊断训练，它的诊断正确率已经达到很高的水平。

人类与人工智能

2017 年，欧洲联盟公布决议案，承认并强调：

智能机器人是“电子人类”；

智能机器人也会像人一样受到法律制约。

人工智能专家们在推进技术发展的同时，也达成一致：要开发对人类无害的人工智能。人工智能开发人员必须遵守《阿西洛马人工智能原则》。

阿西洛马人工智能原则

● 研究目标

人工智能的研究目标，应该是创造有益（于人类）而不是不受（人类）控制的智能。

● 安全性

人工智能系统在整个运行过程中应该是安全和可靠的，而且其可应用性和可行性应当接受验证。

● 人工智能军备竞赛

致命的自动化武器的装备竞赛应该被避免。

警告！

对象：强人工智能、超人工智能。

强人工智能是像人一样具有自我意识的人工智能。

超人工智能是智能水平远超人类的人工智能。

要把人工智能保持在可以控制的状态，确保只给人类带来帮助，不会对人类造成伤害。

第四次工业革命

我们处在第四次工业革命时期，人工智能被应用在各行各业，很多工作岗位也被人工智能取代。

容易被取代的岗位

- 混凝土工
- 精肉加工厂工人
- 屠宰场工人
- 橡胶和塑料制品装配工
- 收银员
- 仓库管理员
- 协警

不容易被取代的岗位

- 画家
- 雕刻家
- 作家
- 摄影师
- 指挥家
- 作曲家
- 演奏家
- 动画绘制师
- 漫画家

人工智能的发展虽然会将很多岗位取代，但同时也会催生新的岗位。

感知领域

功能：收集附近的各种数据，准确感知周围状况。

岗位：手机传感器开发人员、物品扫描人员。

机器取代人领域

功能：运用人工智能的判断来处理数据。

岗位：预测修理工程师、产品设计师。

人机交互领域

功能：运用动作或语音准确操控各种东西。

岗位：机器人培训师、传感控制专家。

侦探入门测试 1

想成为一名洞察世事的优秀侦探，你首先要有足够的知识储备。用知识武装头脑，用科学解开谜题。

随着人工智能的不断发展，很多岗位都会被取代，但是也有很多岗位不容易被取代。下面这 10 个岗位属于哪种？

容易被取代的岗位	不容易被取代的岗位

岗位：

① 协警　② 混凝土工　③ 作曲家　④ 收银员　⑤ 画家

⑥ 仓库管理员　⑦ 屠宰场工人　⑧ 摄影师　⑨ 雕刻家　⑩ 作家

每选对一项得 2 分。

得分合计：________

新干线护送事件

侦探之眼

在新干线车站
买到的报纸，
往往是最新出刊的。

新干线护送事件

在一条开往东京的新干线上，佐藤美和子和高木涉遭遇了一连串的麻烦。更糟糕的是，他们押解的嫌犯在厕所里自杀了，但是自杀现场很不寻常。嫌犯真的是自杀的吗？

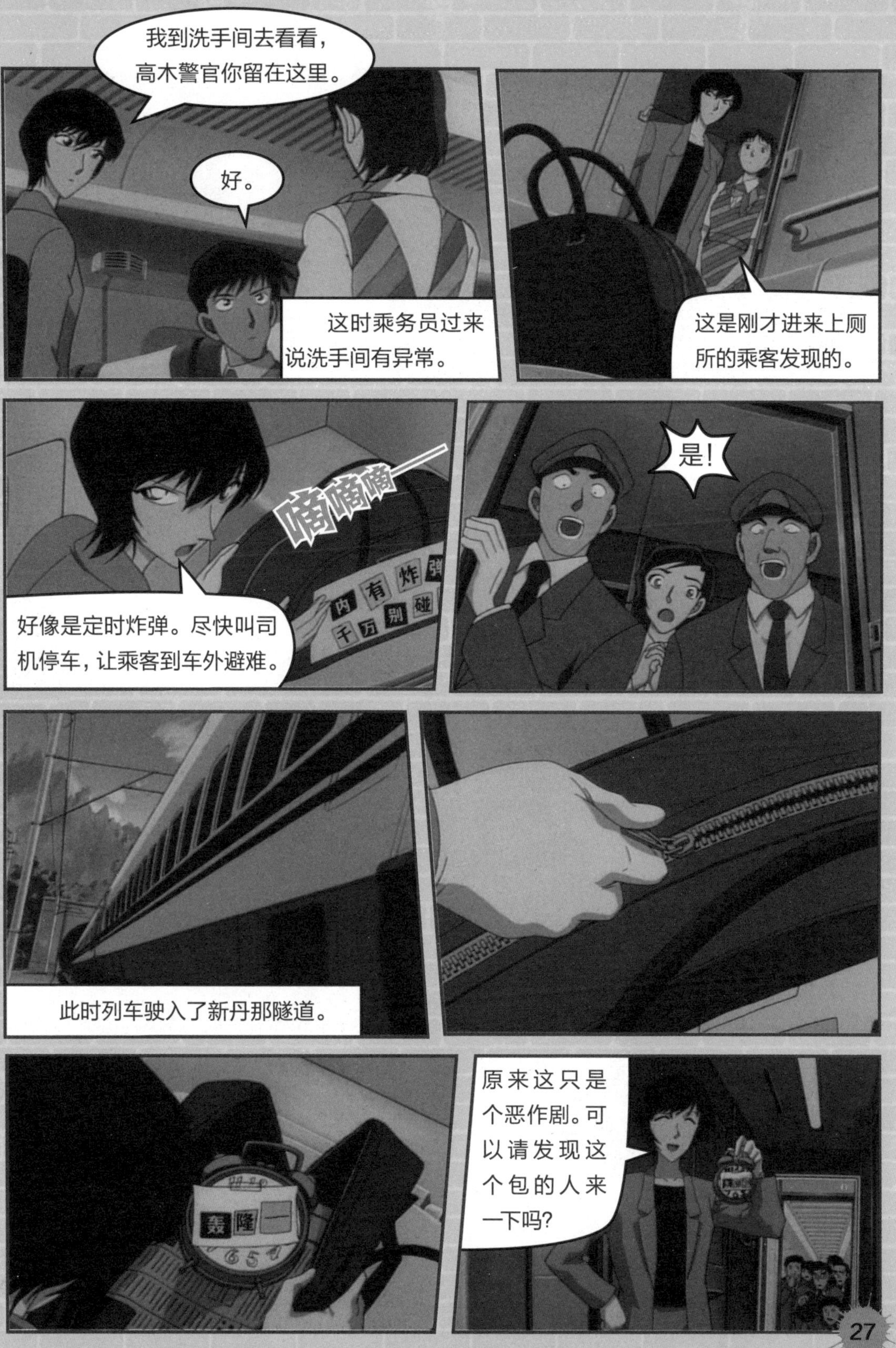
我到洗手间去看看，
高木警官你留在这里。
好。
这时乘务员过来说洗手间有异常。
这是刚才进来上厕所的乘客发现的。
嘀嘀嘀——
内有炸弹
千万别碰
好像是定时炸弹。尽快叫司机停车，让乘客到车外避难。
是！
此时列车驶入了新丹那隧道。
轰隆一
原来这只是个恶作剧。可以请发现这个包的人来一下吗？

一定是出什么事了。
警察先生，我能不能去上一下厕所？
等佐藤警官回来再说。
我已经忍不住了……
高木警官，你们要去哪里？
去上厕所。
你还没好吗？
别急，我现在只有一只手能用……
你怎么会有刀？
啊
高木涉听到小仓千造发出痛苦的叫声，赶紧将门打开。

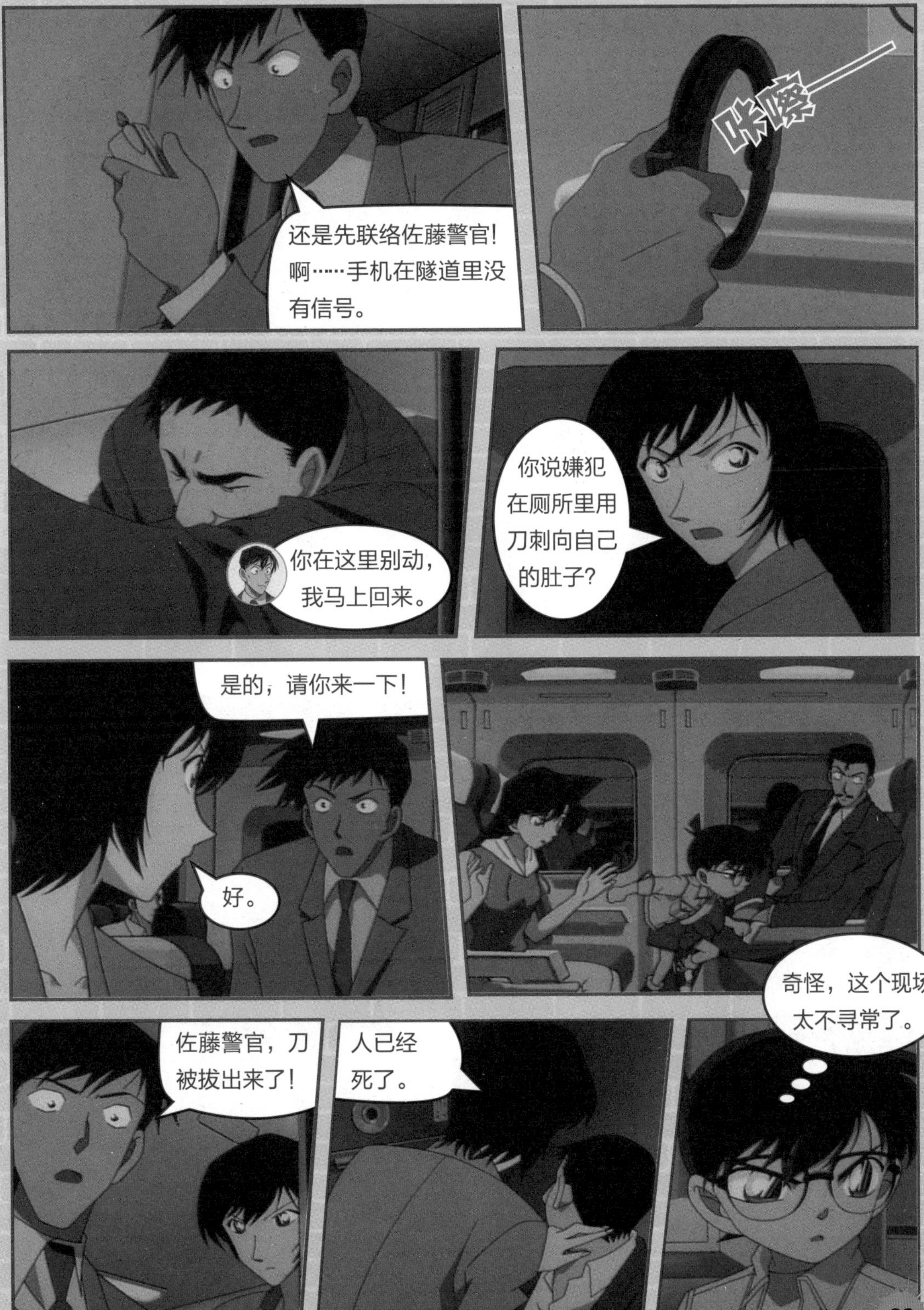
还是先联络佐藤警官!
啊……手机在隧道里没有信号。
咔嚓
你在这里别动，我马上回来。
你说嫌犯在厕所里用刀刺向自己的肚子?
是的，请你来一下!
好。
奇怪，这个现场太不寻常了。
佐藤警官，刀被拔出来了!
人已经死了。

列车驶出新丹那隧道。
什么？你们押解的嫌犯自杀了？
怎么会发生这种事？
在到达总站之前，不准让任何人进入那间洗手间！
问题在于嫌犯用来自杀的刀。
一个被押解的嫌犯不可能有机会在身上藏刀。
你们看掉落在地上的刀，说明这个叔叔是用顺手拔刀的。
嫌犯拿刀刺入腹部时是反手握刀。
拔刀却是顺手，这也太奇怪了。

他手上的血也很奇怪，一直无法凝固，像水一样滴个不停。
而且手上还有铅字。
这血里也许掺有肝素。
你是说那种抗凝固剂?
血浆如果和肝素混合放入密封袋，就不容易凝固。
如果有人事先将血浆和刀藏在洗手间里，这就是一宗他杀案件。
凶手先用“炸弹”来引起骚乱，再趁警方不注意时对嫌犯下达去前面的洗手间的指示。
洗手间里藏了刀、血浆，以及让小仓千造通过假自杀来支开高木警官的指示。
凶手确认高木警官离开后，立刻来到洗手间将嫌犯杀害。
而且凶手必须在列车进入新丹那隧道后作案。我们全都上当了。

凶手是怎么指示嫌犯去洗手间的呢?
在我离开座位之后，有什么人经过了你们那里吗?
只有三个乘客经过。
我记得他们的样子。
有人在洗手间里被杀了，关我们什么事?
岩国辰郎
乘客
请你们告诉我，当时为什么会从他的座位旁经过?
因为我当时在听赛马，后面的车厢突然嘈杂起来，我就移动到前面去了。
我是买咖啡回来时经过那里的。
德山法男
乘客
我害怕车上有炸弹，所以去前面的车厢了。
明石彰
乘客

我记得明石先生和岩国先生经过的时候手上都拿着报纸。
是的，其实他也拿了报纸。
没错，我也拿了。
能不能请你们三位把报纸还有咖啡罐拿过来？
岩国先生买的是《赛马7报》。
德山先生买的是《每朝新闻日报》和咖啡。
赛马7
这些报纸上面都没有“洗手间”或“厕所”的字样。
世界杯的英雄
明石先生买的是《日卖体育报》。

等一下，我记得这是……

叔叔，你还记得你在新大阪车站月台上的小店买的是什么报纸吗？

我记得是《赛马7报》和《日卖体育报》。

果然如此，凶手的作案手法我全都知道了。

是时候回座位准备下车了。

很快，列车就要抵达终点站——东京。

现在还不能下车，不能让凶手借机逃脱。

毛利先生，你知道凶手是谁了吗？

嗖

对，破案的重点就在于凶手是如何在不引起高木警官的注意的情况下，向嫌犯下达指示的。

这三位乘客中有一位拿的报纸上就有暗示。
在英文中，洗手间可以缩写为 W.C.。
W.C.
世界杯 World Cup 的缩写也是 W.C.。
世界杯的英雄
警方侦讯
对，凶手事先在洗手间引发炸弹骚乱，好让嫌犯对“洗手间”有基本印象。
之后他经过时，只要用手指着世界杯的字样就能下达指示。
没错吧，明石彰先生？
你有证据吗？我身上有他的血迹吗？
没有血迹，是因为刀是被你隔着报纸拔出来的，证据就是死者手上的铅字。

那你说说我的体育报上哪里有洞和血迹？
你事先就买了两份体育报吧。
你看，毛利叔叔也买了今天的体育报。
但是好奇怪，它们虽然长得很像，字却不一样。
世界杯的英雄
世界杯的英雄
车站的报纸因为配送时间比较晚，所以贩售的都是最新出刊的。
那明石先生的这份报纸……
恐怕是在便利店买的，然后又在车站买了一份报纸用来行凶。
他是担心有人看到他原来拿了体育报，所以又买了一份一样的。
不是，我是觉得同样的报纸标题却不一样很有趣，所以才买来研究的。

那你能让我看看那份在车站买的体育报吗?
啊?
我想你已经用马桶将车站买的体育报冲掉了吧。但是，我们只要搜查一下马桶就可以找到。
嗒嗒嗒——
明石彰见事情败露，转身就跑。
嗒嗒嗒——
Coffee
别想跑!
Coffee
啪——
束手就擒吧。

阿笠博士科学馆

高速铁路时代

欢迎来到“阿笠博士科学馆”，我是发明家阿笠博士。

从用双脚步行，到使用代步工具，再到今天的高速铁路，人们一直在追求“速度”。高速铁路是如何建成的？我们一起去看看吧。

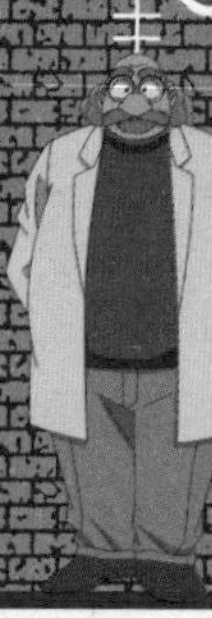

建设前的准备工作

前期准备

修建一条高速铁路，要做的前期工作非常多，比如下面这些：

→工程师等去实地勘察地形
→根据地形设计施工图等
→衡量需要投入的各种设备
→准备铺设铁路需要的材料
→预估需要投入的工作人员
→估算整个工程的预算
…………

勘探

负责人：工程师。

职责：进行实地考察，把高铁线路上的各种环境记录下来。

助手：卫星导航系统、测绘无人机、计算机等。

修建高速铁路的准备工作十分复杂，而且需要各种领域的人才。现代技术的投入，让铁路的设计工作更精准。

复杂地质地形，机智应对

地质一
黄土

特点：干燥时很硬，遇水时容易坍陷

应对方法：用冲击式压路机或液压式压路机夯实。

地质二
软土

应对方法：软土整治

步骤：用钻探机直达岩层，然后浇筑一根根柱子，再在柱子上面建造一个坚固的平面。

地形一
溶洞

特点：地形复杂，地质构造不稳定

应对方法：采用填实的方法，保证路基稳定。

地形二
峡谷

应对方法：架设大跨度桥梁

代表：沪昆高铁北盘江特大桥

它是世界钢筋混凝土拱桥最大跨度桥梁，全长约 721 米，主跨达 445 米。

地形三
江河

应对方法：架设高铁大桥

代表：南京大胜关长江大桥

地形四
高山

应对方法：修建隧道

隧道让高铁不仅能穿越高山，还能在城市内部穿行，到达城市中心的车站。

高速铁路建设过程

路基

高速列车在高铁线路上疾驰，速度非常快，因此对轨道的平顺精度要求极高。高铁施工的第一步，就是修建路基。

1. 填方路基

当路基高于天然地面时，就以填筑的方式构筑路基。

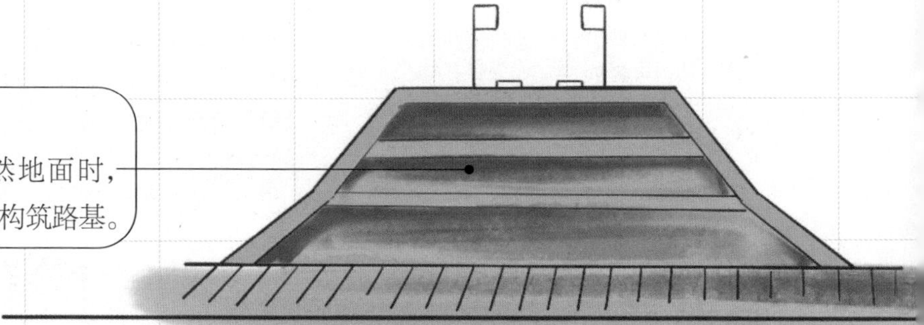

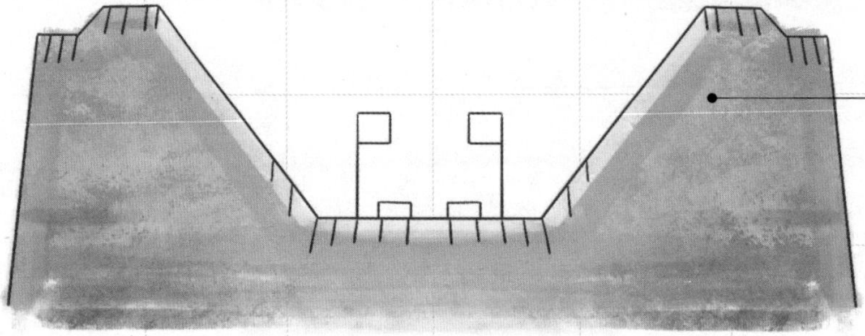

2. 挖方路基

当路基顶面低于天然地面时，则以开挖的方式构筑路基。

3. 半填半挖路基

沿着山边时，就一边填方，一边挖方。

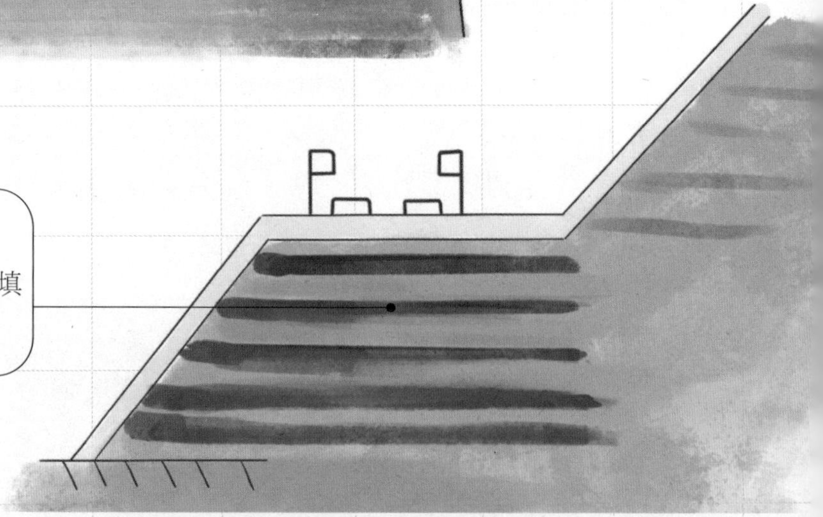

铺轨

高速铁路采用的是无砟轨道，与传统的有砟轨道相比，无砟轨道可以避免道砟碎石飞溅，平顺性更好，使用寿命也更长。

1. 用混凝土浇筑固定底座

2. 铺设混凝土轨道板

由工厂提前生产好轨道板，再运送到施工点安装。安装后必须精确检查轨道板的铺设情况。

3. 在轨道板与底座间灌注砂浆

4. 铺设钢轨

有砟轨道的钢轨是由一根根短轨接起来的，钢轨连接处有缝隙，但无砟轨道的钢轨是一整根没有缝隙的500米超长钢轨。

第一步：钢铁厂生产出100米长的钢轨。

第二步：焊接基地将钢轨无缝连接起来。

第三步：长轨运输车的推送系统推送出两根500米长的钢轨。

第四步：牵引车将钢轨牵引到指定位置。

5. 精确锁轨

在轨枕上提前安装好轨道扣件，钢轨铺设后，用扣件将钢轨牢牢锁在轨枕上。

铺设电网

列车运行需要能量，高铁的主要能量是电能。因此，在建设高速铁路时，还要在沿线铺设电网。

中国使用的是世界上最先进的特高压输电技术。特高压输电线路就像是一条电力高速公路，送电容量更大，输送距离更长。

1. 电流转换

特高压线路中的电流无法直接使用，需要经过变电所降压。

2. 架设接触网

降压后的电流进入接触网。

3. 提供能量

接触网与列车的受电弓紧密连接，为列车提供电能。

难倒阿笠博士

如果变电所不小心出了故障，那列车还能正常运行吗？

当然能。当一座变电所出现故障时，相邻的变电所可以切换替代运行，实现跨区域供电。每个铁路局都设有电力调度所，可实现对所辖区域内变电所的有效监测和管控。这样就相当于有了多重保险，不会影响列车运行。

列车控制系统

高速铁路拥有一套复杂的列车控制系统，能够控制列车运行方向、运行间隔和运行速度。它由地面有线连接系统和空中无线网络组成，是保障列车运行安全、提高运行效率的“幕后英雄”。

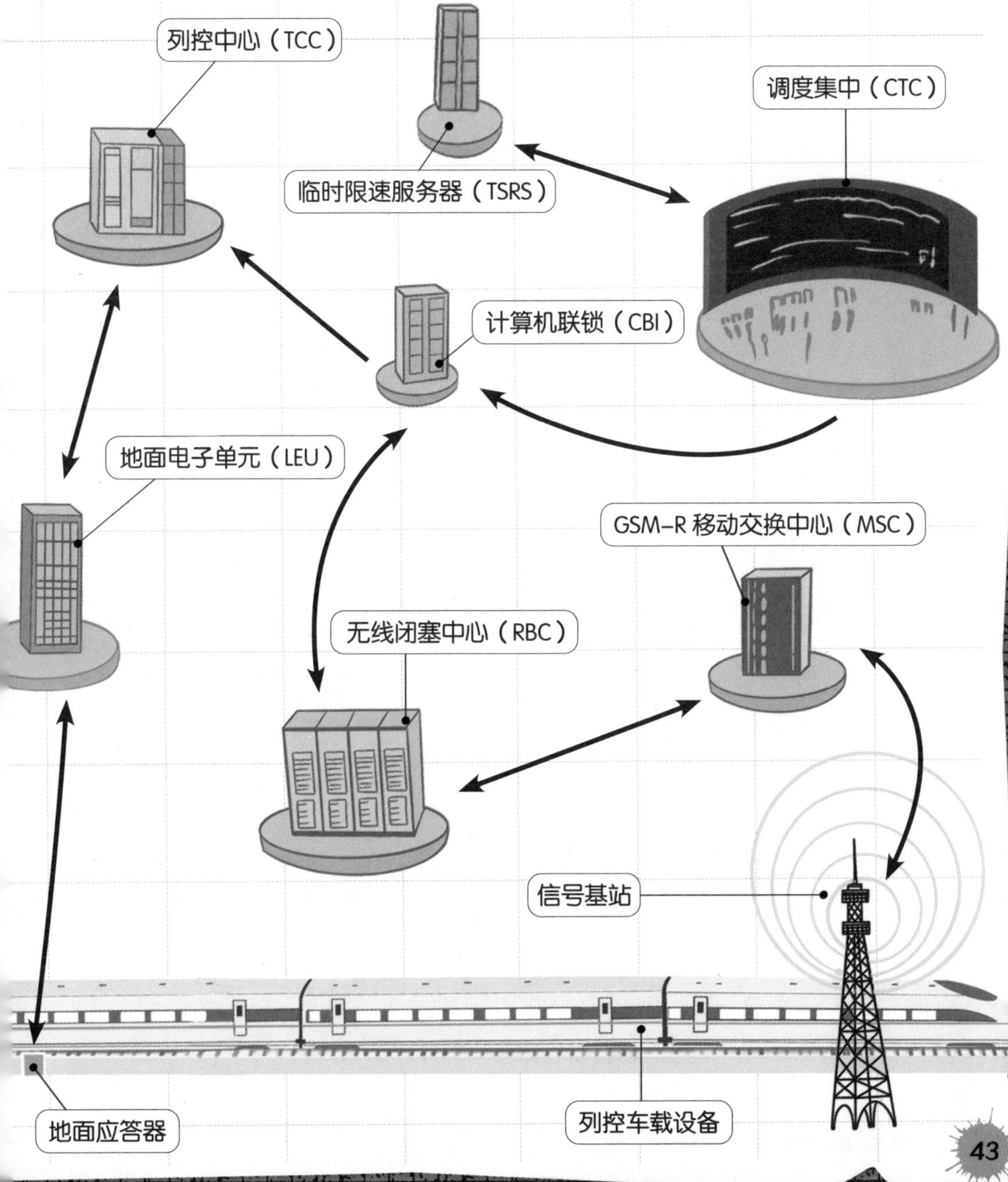

动车组列车

动车组列车是现代火车的一种类型，它们通常采用流线型设计，这样的设计能够降低空气阻力，是提高速度、降低能耗的关键。动车组列车原本指车次以“D”开头的普通动车组旅客列车，后来由其自身又进一步细分出高速动车组列车（G 字头列车）和城际动车组列车（C 字头列车）。让我们来认识一下这些不同的列车吧！

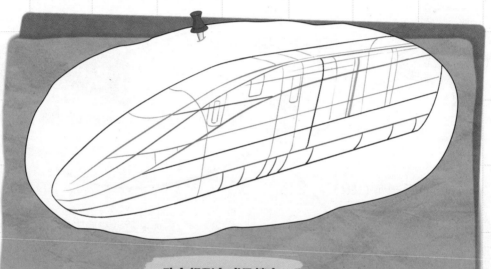

动车组列车成员档案

1 号成员：D 字头列车

即普通动车组旅客列车，主要承担中长途客运任务，也有部分短途往返于城市之间。

2 号成员：C 字头列车

即城际动车组列车，主要承担中短途城市或城郊之间的客运任务。

3 号成员：G 字头列车

即高速动车组列车，也是人们俗称的“高铁”。

和谐号电力动车组

技术来源：从德国、日本等国引进技术，消化吸收并创新

速度：160 千米 / 时及以上

投用时间：2007 年

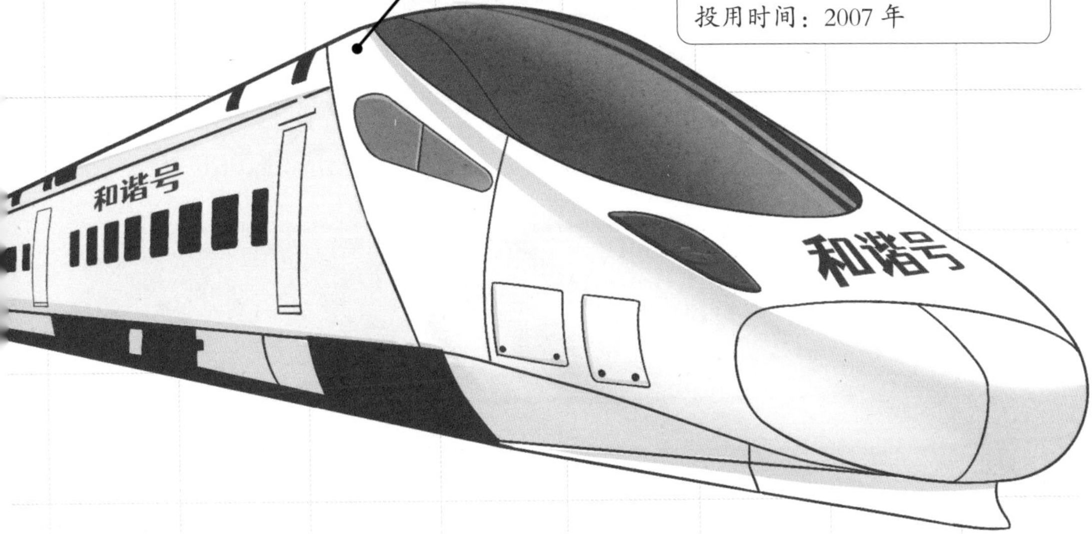

复兴号电力动车组

来源：中国自主研发

速度：350 千米 / 时，250 千米 / 时，160 千米 / 时

投用时间：2017 年

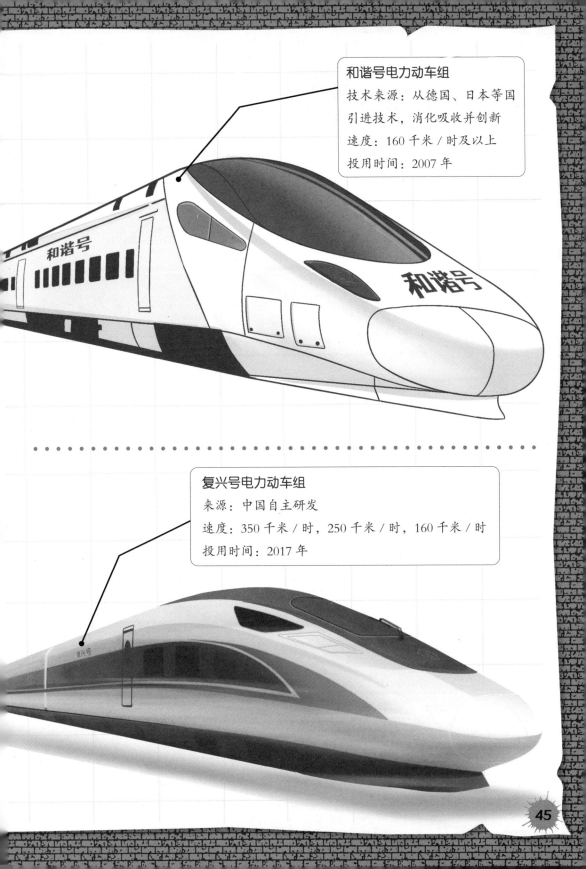

高铁荣誉殿堂

1 中国的高铁运营里程稳居世界第一，人们出行十分便捷。

2 中国高铁对百万以上人口城市覆盖率超过 95%。

3 中国已拥有具有世界先进水平的高速铁路。

4 中国已全面掌握高铁关键核心技术。

5 “四纵四横”高铁网全面建成。

6 “复兴号”最高运营时速 350 千米，中国成为世界上高铁商业运营速度最快的国家。

高铁秘密知多少

秘密一：没有安全带

高铁动车组在行驶时非常平稳，不会突然加速和减速，且高铁上使用的都是安全的防撞座椅，因此乘客不需要系安全带。

秘密二：可以掉转方向的座椅

高铁上的座椅可以掉转方向，因此乘客面对的方向，可以始终与列车运行方向保持一致，乘车体验更加舒适。

秘密三：轨道的探伤修复

轨道也会“受伤”。为了保证乘客的安全，人们用轨道探伤车检查轨道的状态，并对产生的问题加以修复。

秘密四：高铁座位没有 E 座

高铁座位分布延续了飞机的座位分布惯例。早期的飞机每排有六个座位，A、F 为靠窗的座位，C、D 是靠过道的座位，B、E 则是中间的座位。久而久之，就形成了 A、F 为靠窗座，C、D 为靠过道座，B、E 为中间座的国际惯例。

为了和国际接轨，高铁延续了飞机的排号传统。高铁车厢一排最多有五个座位，保留靠窗和靠过道的座位，要再减去一个座位，所以就把 E 座给取消了。

侦探入门测试 2

想成为一名洞察世事的优秀侦探，你首先要有足够的知识储备。用知识武装头脑，用科学解开谜题。

高速铁路的列车控制系统是由地面有线连接系统和空中无线网络构成的。这个系统能够保障高铁的安全运行。请你将系统中缺失的部分补全。

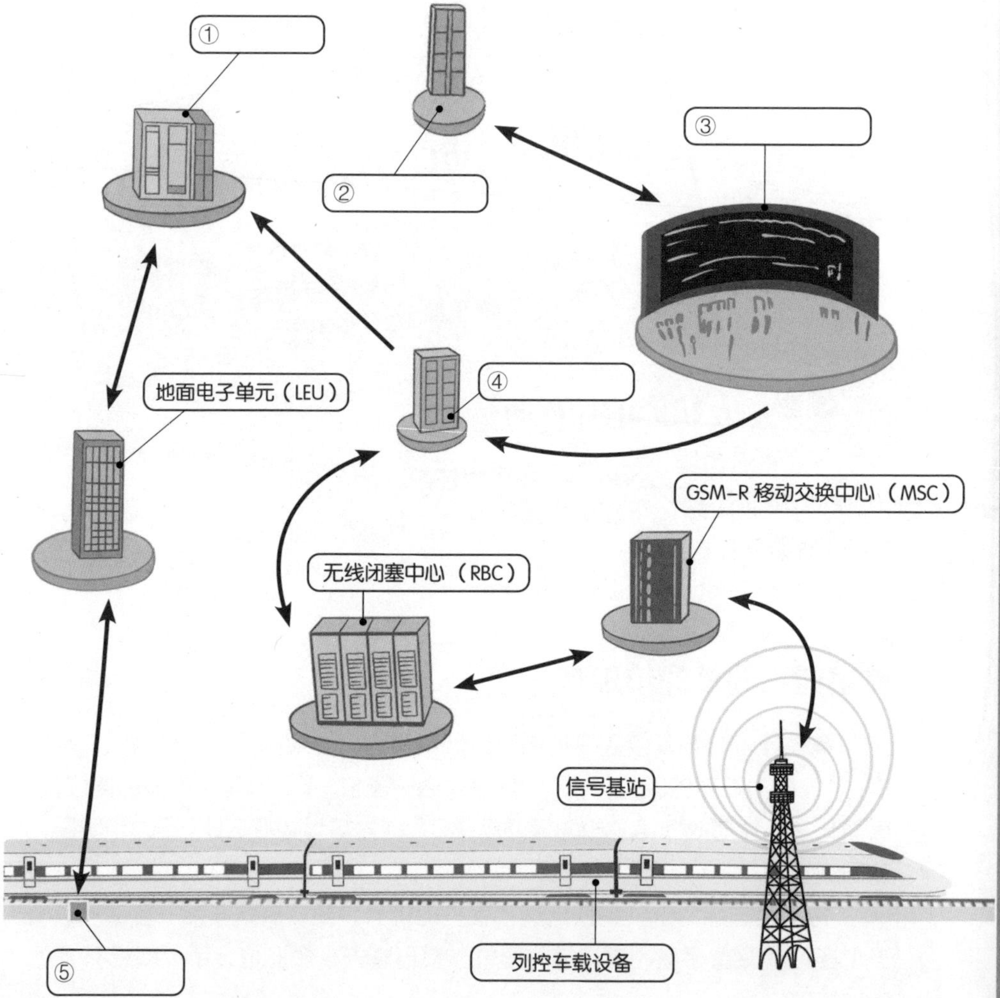

每填对一处得 4 分。

得分合计：________

博士的影音网站

侦探之眼

每个人的耳纹，
都是独一无二的。

博士的影音网站

阿笠博士想找人帮他鉴定一个年代久远的壶，于是在影音网站上传了壶的视频。这之后，吉田步美竟遭绑架。绑匪偷天换日的小把戏，最终还是被柯南识破了。

阿笠博士，你还记得这个壶的来历吗？
我只记得它是我在很多年前，和你坐着的那块地毯一起买的。
元太，不要在屋子里踢球！
啪——
啊！
呜呜——
都是因为你，我们又得去超市买食材重新做咖喱了！
我发自内心地反省自己的错。
两个神秘人来到阿笠博士家附近。

叮咚——

吉田步美出来后看到了让她惊讶的一幕。

啊！

是小哀的衣服！

吉田步美洗完澡之后换上了灰原哀的衣服。

难道出事了吗？

嗒嗒嗒

奇怪，阿笠博士的电话怎么都打不通。

阿笠博士，快醒醒！发生什么事了？

啊！

我……我听到门铃响了，就去开门，结果被电晕了。

步美不见了！
地毯也不见了，原本铺着地毯的地方有咖啡的痕迹。
步美可能被人用地毯包裹着带走了。地上的咖啡应该是她挣扎时碰倒的。
对了，阿笠博士，你上传到影音网站的视频还找得到吗？
嗯。
有人能帮我鉴定一下这个壶吗？
画面里只有阿笠博士啊。
不，博士的眼镜上好像有什么。
难道对方真正的目标是灰原？

这么说，绑匪可能误把步美当成小哀了。
我给步美的替换衣服的确是小哀帮我拍视频时穿的那套。
是从壶里传来的。
丁零丁零
是步美的手机。
吧嗒
看短信，按照指示行动
啊，我的手机也被绑匪拿走了。
是阿笠博士的手机发来的短信。
去附近找这只俄罗斯蓝猫，用猫来换女孩回去。如果你们报警，她就会没命。
看来我们得赶快找到这只猫。

大家分头行动，在附近找猫。
嗒嗒嗒——
太阳快下山了。
是绑匪发来的短信。
丁零丁零——
绑匪说，猫找到了，会把步美放在三町目的垃圾场。
你们正在三町目那一带找猫吗?
是的。
步美！步美！
嗒嗒嗒——
难道在这里面?
吉田同学，已经没事了。

太好了，步美总算平安回来了。
那个人找到猫后不但没有道歉，还把步美像垃圾一样扔掉。
他说那只猫对他来说很重要。
你有听到绑匪的声音吗?
他们两个都戴着头套，说话的声音很尖锐。
对方应该是吸了氦气来变声。
他们让我出地毯喝了一次水，当时四周很暗。
还说因为只带了装猫用的箱子，所以只好用地毯来捆我。
他们为了找猫，不惜犯绑架罪，结果又自己找到了猫，真是一出闹剧。

他们第一次来博士家，就能在我们离开的30分钟内弄晕博士……
还能找到博士和步美的手机，用地毯捆走步美。这可能吗？
这么说，绑匪……
他们非常清楚这里的情况。阿笠博士，最近有陌生人来过吗？
有三拨帮我鉴定壶的人来过。
第一拨是一对姐妹。她们想用500日元买那个壶回去做花瓶。
然后是一对夫妇，他们用放大镜仔细检查了壶身，但是没有碰它。
他们说不要随便把这个壶给别人看，还是找专家鉴定比较好。
最后是一对父子，他们嘲笑我没眼光，我就把他们赶走了。
那时候，灰原在你的身边吗？
不在，但是他们当中有人问了小哀的回家时间等问题。

那三拨人中，有没有人曾经提到过俄罗斯蓝猫的话题？
他们基本都在说壶的事。
我记得小兰的妈妈养的也是俄罗斯蓝猫。
说到猫和壶，我就想起那部猫钻进壶里的视频。
啊！
在影音网站搜索猫和壶的话……
小兰妈妈发布的视频就在博士那条的上面。
壺にはまった猫
喵——
妃英理女士的这只猫和绑匪短信里的猫很像。
连背景都一样。

你的耳朵上好像沾到了什么东西。
是我挣扎时打翻的咖啡。
绑匪把我按在碰倒的咖啡上，所以帽子就沾上了。
然后我被绑匪包在地毯里的时候，咖啡就沾到耳朵上了。
这种感觉很恶心，我想先去洗个澡。
原来如此，绑匪的目的既不是灰原或猫，也不是壶。
等一下，能不能请你等抓到绑匪之后再洗澡呢？
找猫只是一个借口，其实他们真正的目标是地毯。
这些咖啡渍是绑匪留下的重要证据。

步美沾到了地毯上的咖啡，但这块地毯上却没有污渍。
地毯在吉田同学出来喝水的时候被换掉了吧。
对，特意选在黑暗中就是为了不让她发现地毯被调包的事。
而且他们事先就准备了一块花色非常相似的地毯。
他们如此不择手段，说明博士的那块地毯可能是很稀有的波斯地毯。
绑匪应该在那几拨来鉴定壶的人当中。
那一定是最后那对无礼的父子吧。
不，是那对夫妇。
他们那时候其实是在用放大镜检视地毯的花纹。
可是，我们要怎么找到绑匪呢？
从他们用氦气变声这点来看，应该是在这附近卖地毯的人。

找到了，是三町目的神边家具装饰店，主页还有社长的照片。
吱呀
阿笠博士他们一起去到了那对夫妇的家。
这样啊，那这些孩子是怎么回事？
我记得您，找我有什么事吗？
我想找您帮我看看这块地毯的价值。
神边敏夫
社长
因为我一个人搬不动，就让他们来帮忙了。
这块地毯的做工非常好，但是好像是赝品。
那这一块竖着放的地毯是真品吗？
那……那是真的。
奇怪，地毯里好像夹着一张照片。

照片上的地毯和阿笠博士那块一模一样。
这是我夫人不小心卷进去的。
我们打开看看吧。
好。
照片里的地毯好像是这一块。
这里有耳朵形状的污渍。
是咖啡的味道。
耳朵的形状被称为耳纹，它是独一无二的。
只要把那个耳纹和步美的对比一下，就能真相大白了。
把步美卷进这块地毯里的绑匪就是你们！
不久之后，绑匪就被警察带回警署去了。

阿笠博士科学馆

万物联网

欢迎来到“阿笠博士科学馆”，我是发明家阿笠博士。

网络的出现，改变了我们的生活。那你知道，如果生活中的一切物品都联上网络，世界将变成什么样子吗？让我们走进物联网的世界看看吧。

物联网世界

先看看如下几个情景：

情景一

小 A 上班的时候，有朋友临时去他家中拜访。小 A 不慌不忙地拿出手机，通过后台打开了门锁，让朋友进了家门。

情景二

小 B 去上班后，忽然想起自己忘记关闭家里的燃气灶。她连忙拿出手机，通过网络关闭了燃气灶。

情景三

小 C 在超市购物时，想知道家里还有哪些食物，是否需要再买一些鸡蛋。他用手机打开程序，查看到了冰箱里的食材。

情景四

小 D 开车长途旅行时，突然觉得很累，想休息一下，于是将汽车切换到了自动驾驶状态。

门锁联网、燃气灶联网、冰箱联网、汽车联网……当世界上的万物都连上网络时，就是物联网世界。

智能家居生活

当家里所有的物品都连上网络，人们的生活会变得非常方便。

智能空调

可以根据用户离家距离自动开关空调。比如，当手机定位到你离家还有 100 米时，智能空调就会自动开启。

智能灯

可以通过声音和手机调节亮度，还能设定成全自动模式，根据外界光线的变化，自动开启或关闭。

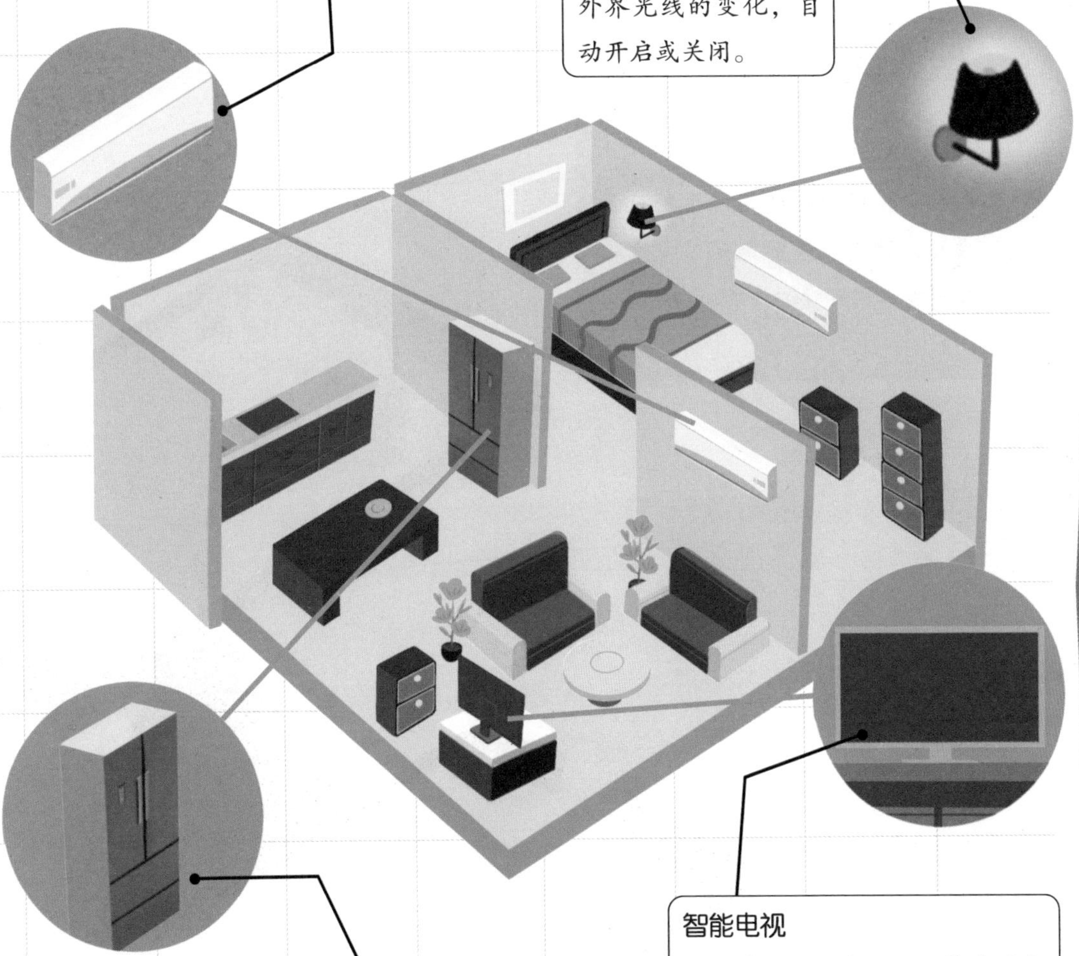

智能冰箱

即使你出门在外，也能通过手机知道冰箱里还有哪些食物，避免重复购买食材。

智能电视

可以连上网络电视，还能自动分类，根据你的喜好推荐更多同类型的节目。

智能建筑

智能家居让生活变得更方便。但如果建筑物本身联网，那就不仅能方便人们的生活，还能节省资源。

智能建筑中的一切都是智能的。

阿笠全知道

世界上真的有这么神奇的建筑吗？

真的。荷兰阿姆斯特丹德勤总部大楼，就是一栋智能建筑，被称为全世界最环保的大楼。

电灯

智能建筑能监测到人员活动的情形。当房间没人的时候，系统会自动关闭电灯。

电力供应

智能建筑的表面会安装许多块太阳能板，为大楼提供电力。

厕所

厕所里的卫生纸卷筒也连有检测器，可以统计每间厕所的卫生纸使用情况；还能派出扫地机器人去打扫。

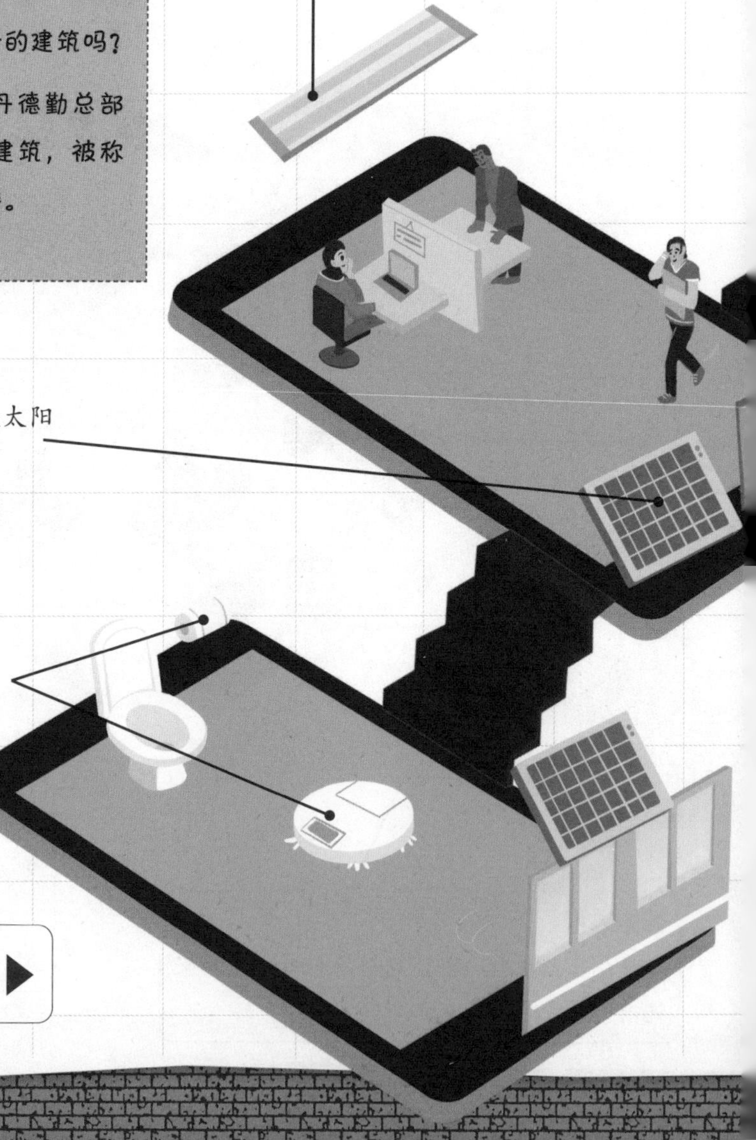

智能建筑想象图 ▶

空调

智能建筑会不断检测房间中的人数，灵活调节温度。

会议室

会议室的墙壁和桌子上会装许多交互式投影机，参与会议的人可以根据自己的权限翻阅资料。

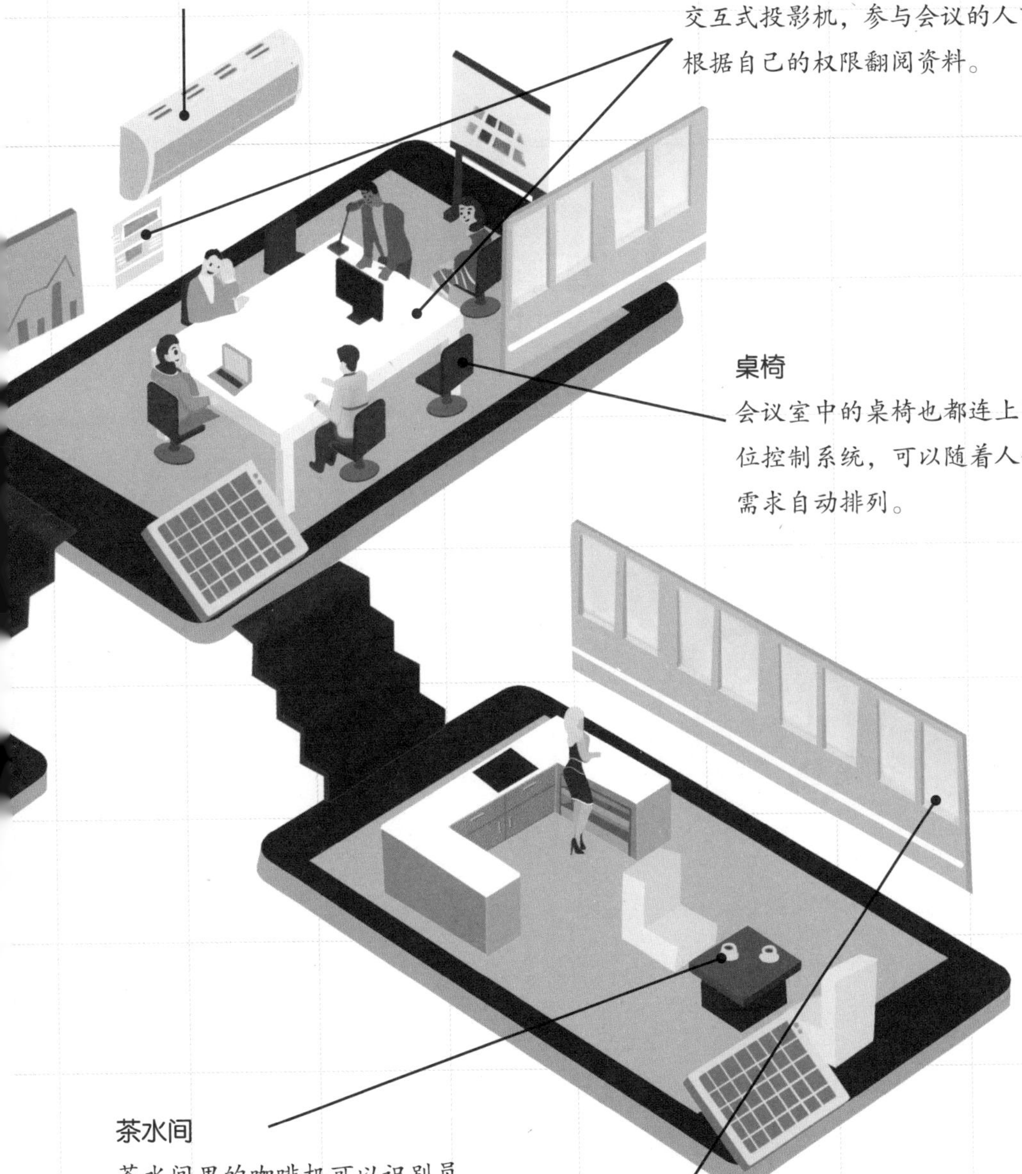

桌椅

会议室中的桌椅也都连上了座位控制系统，可以随着人们的需求自动排列。

茶水间

茶水间里的咖啡机可以识别员工的工作证，根据员工的喜好制作不同的咖啡。

窗户

智能建筑的窗户也会连上中央控制系统，根据当时的风向和阳光的角度，自动打开或关闭。

智能城市

想象一下，如果一座城市的所有建筑都是智能的，那么这座城市将变得十分智能。

然后，再将那些建筑之外的设备、工具、物品等都联网，我们的城市就能变成智能城市。

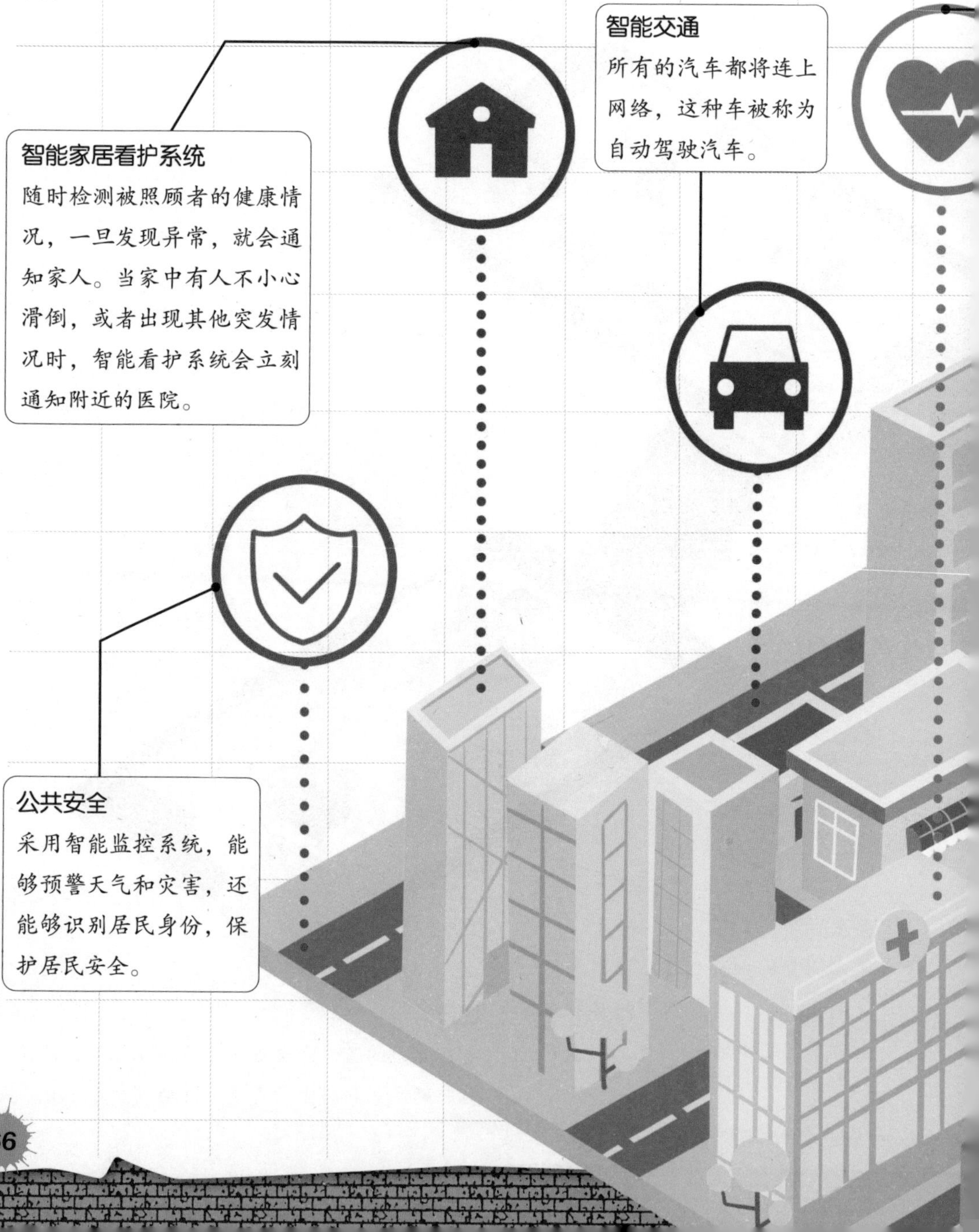

智能家居看护系统
随时检测被照顾者的健康情况，一旦发现异常，就会通知家人。当家中有人不小心滑倒，或者出现其他突发情况时，智能看护系统会立刻通知附近的医院。
智能交通
所有的汽车都将连上网络，这种车被称为自动驾驶汽车。
公共安全
采用智能监控系统，能够预警天气和灾害，还能够识别居民身份，保护居民安全。

智能医疗

通过联网，能够对患者的症状进行辅助诊断。
医院的临床设备能够自动获取病人的信息并进行分析。

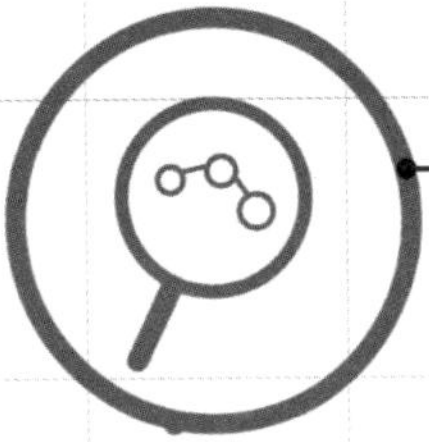

环境监测

智能系统能够对污染排放进行实时监控，并收集污染源的信息。
同时能够管理碳排放，及时预警污染。

智能能源管理

电力系统能够密切监控用电情况，保持电网稳定。
利用区域电力需求管理系统，能够优化能源管理，提高用电效率。

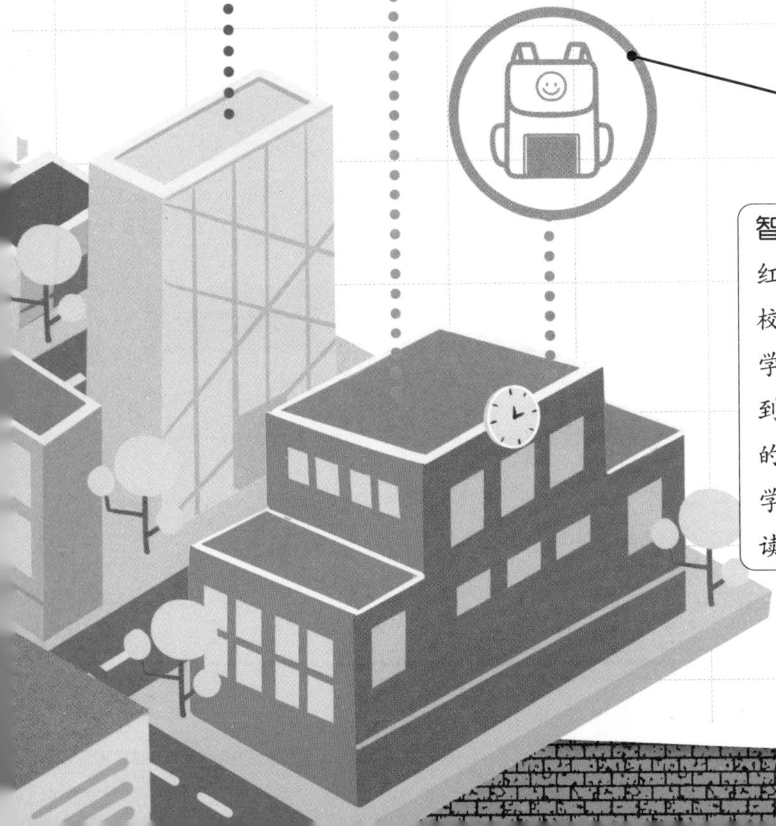

智能校园

红外线围墙会记录人员进出校园情况。
学生佩戴智能手环，一旦遇到危险，就可以激活手环上的报警装置，呼叫救援。
学生可以在投影的画面中阅读信息，学习知识。

物联网三层

为什么物联网的世界如此神奇、快速、便捷呢？我们可以把整个物联网想象成一个人的神经系统。

神经系统	VS	物联网
眼睛、耳朵、皮肤等感知信息。		感知层
信号经过神经传递到大脑里。		网络层
大脑接收信号，并做出反应。		应用层

感知层

作用：感知周围的环境，以无线电的方式传输到网络中。

构成：传感器、Wi-Fi、蓝牙。

传感器是用来接收无线电信息的装置。

常见的传感器：

- 温度传感器
- 湿度传感器
- 运动传感器
- 压力传感器
- 红外线传感器
- …………

Wi-Fi 是局部区域收发无线电的技术。

蓝牙的功能和 Wi-Fi 相似，可以即插即用，只是通信范围较小。

网络层

作用：感知层的数据会传送到网络层，形成一个庞大的数据库。这个数据库除了可以给用户提供参考信息，还可以提供给超级计算机的云计算，进行比对和分析。

网络层包括各种私有网络、互联网、有线和无线通信网等。其中无线通信网包括 3G、4G、5G。

3G，第三代移动通信技术的简称。3G 可以传送声音、图像。

4G 是 3G 扩充带宽后的产物。

5G 是实现人机物互联的网络基础设施。

云端运算是一种基于网络的运算方式，计算量庞大且快速高效。

应用层

作用：超级计算机分析得到的数据及自动控制系统被应用到我们的生活中，实现智能居家、智能交通、智能医疗等。

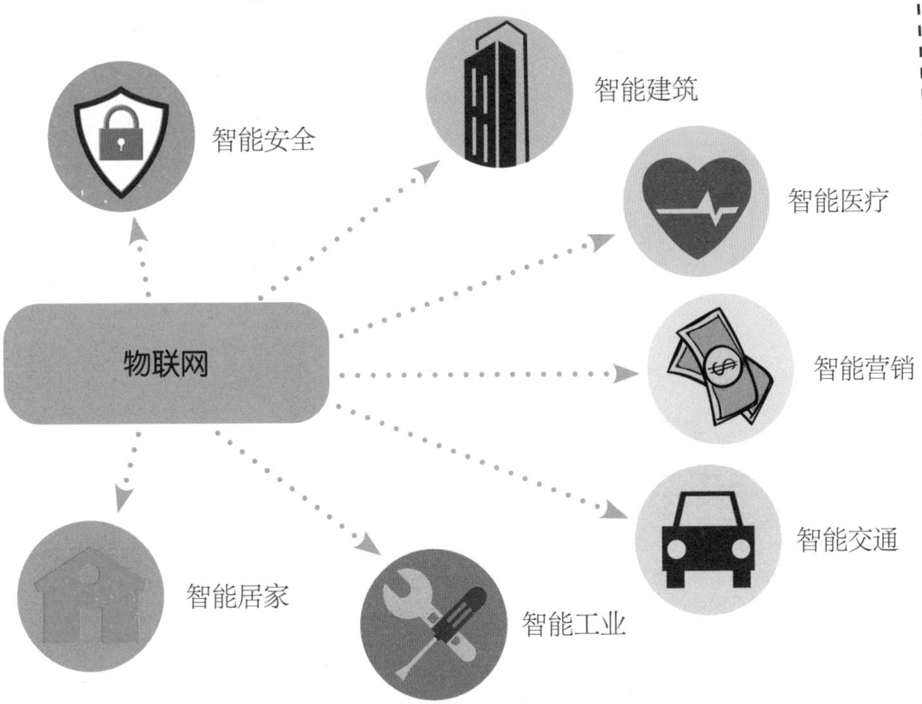

大数据的力量

大数据就是巨量资料。大数据对我们来说并不陌生，它的一个神奇之处在于，能够计算出人们的喜好。

难倒阿笠博士

大数据是怎么计算我们的喜好的呢？

它能够在集合和统计众多的数据之后找出它们之间的关系，然后进行分析和预测。

大数据的计算准确吗？

数据库越大，计算的结果就越准确。

大数据的来源是哪里？

大部分人都有智能手机，手机中的APP就是数据的来源。

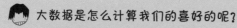

大数据太神奇了，这些都是我喜欢吃的。

神奇的穿戴装置

柯南的追踪眼镜是不是很神奇？

你知道吗，人类发明了更加强大的智能眼镜。在物联网世界，追踪眼镜并不难实现。

智能眼镜

1. 当你滑雪时，智能眼镜能够提醒你调整姿势，帮助你选择适合的雪道。

2. 有一种可以帮助视障者“看”的眼镜，当视障者走路时，眼镜能够说出前面的景象。

3. 还有一种智能眼镜能够直接将影像反射在人眼中，为佩戴者提供即时翻译、扩增实境等服务。如果运用在医疗手术上，可以为医生提供手术需要的相关资讯。

智能手环 / 手表

1. 在你运动时，测量你的血压、心率。

2. 遥控家里的大门、电视、空调等物件。

3. 睡觉时佩戴智能手环，可以监测睡眠质量。

侦探入门测试 3

想成为一名洞察世事的优秀侦探，你首先要有足够的知识储备。用知识武装头脑，用科学解开谜题。

相信看到现在，你对物联网的世界已经了解了不少。下面是一些关于物联网世界的说法，你能指出它们是对还是错吗？

物联网的网络层就像神经系统的感知部分。（ ）

汽车如果连上网络，就不需要人操控了。（ ）

智能空调可以通过手机感应人的位置。（ ）

物联网的感知层就像人的眼睛、耳朵、皮肤等，能感知信息。（ ）

湿度传感器属于物联网感知层的装置。（ ）

当人们不小心滑倒，智能看护系统会通知附近的医院。（ ）

我们手机中的各种 APP，是大数据的来源。（ ）

智能建筑会不断检测房间中的人数，然后调节灯光。（ ）

大数据的数据越多，预测越准确。（ ）

智能电灯可以用声音和手机调节亮度，还能设定成全自动模式。（ ）

每答对一题得 2 分。

得分合计：________

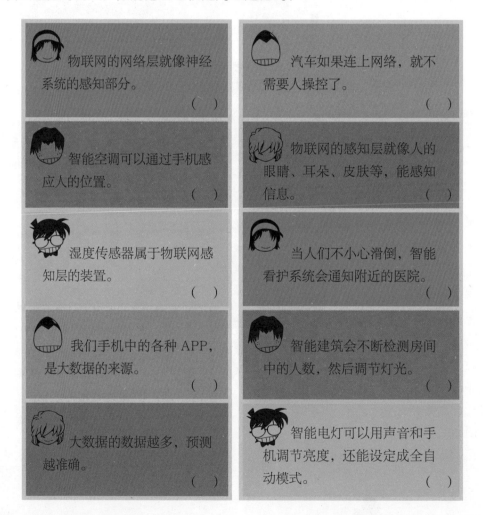

关门海峡的友情与危机

侦探之眼

死者指甲里
附着的青草和土壤，
手掌内侧的摩擦痕迹，
都是他曾经苏醒的证据。

关门海峡的友情与危机

秋田谷彻、大坪圭介、井坂茜和野岛荣子是高中同学，他们的友谊令人羡慕。但友谊的背后却藏着秘密。他们的高中同学针尾清治突然死亡，他们四个人与这起案件有什么关联呢？

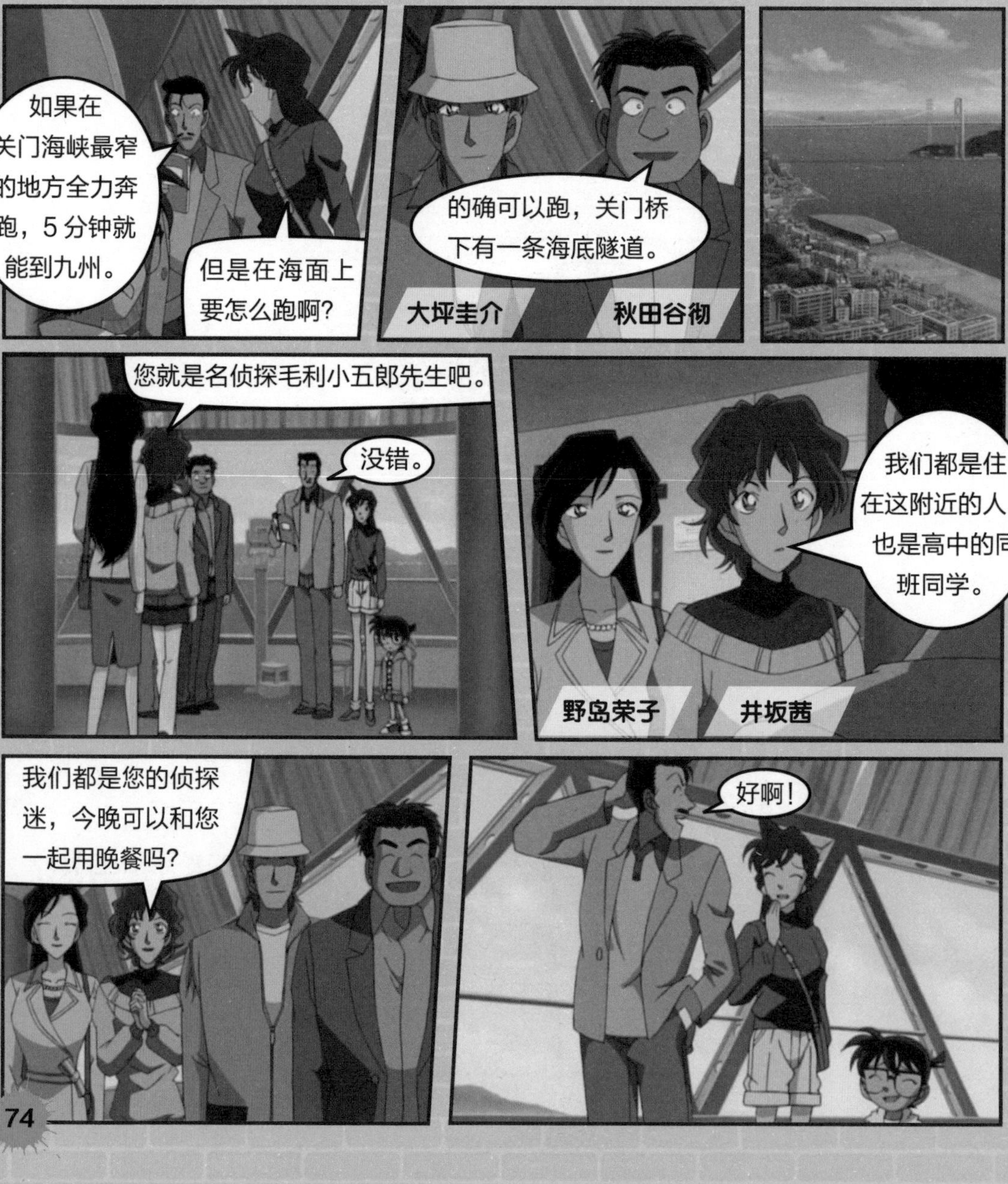

如果在关门海峡最窄的地方全力奔跑，5 分钟就能到九州。
但是在海面上要怎么跑啊？
的确可以跑，关门桥下有一条海底隧道。
大坪圭介
秋田谷彻
您就是名侦探毛利小五郎先生吧。
没错。
我们都是住在这附近的人，也是高中的同班同学。
野岛荣子
井坂茜
我们都是您的侦探迷，今晚可以和您一起用晚餐吗？
好啊！

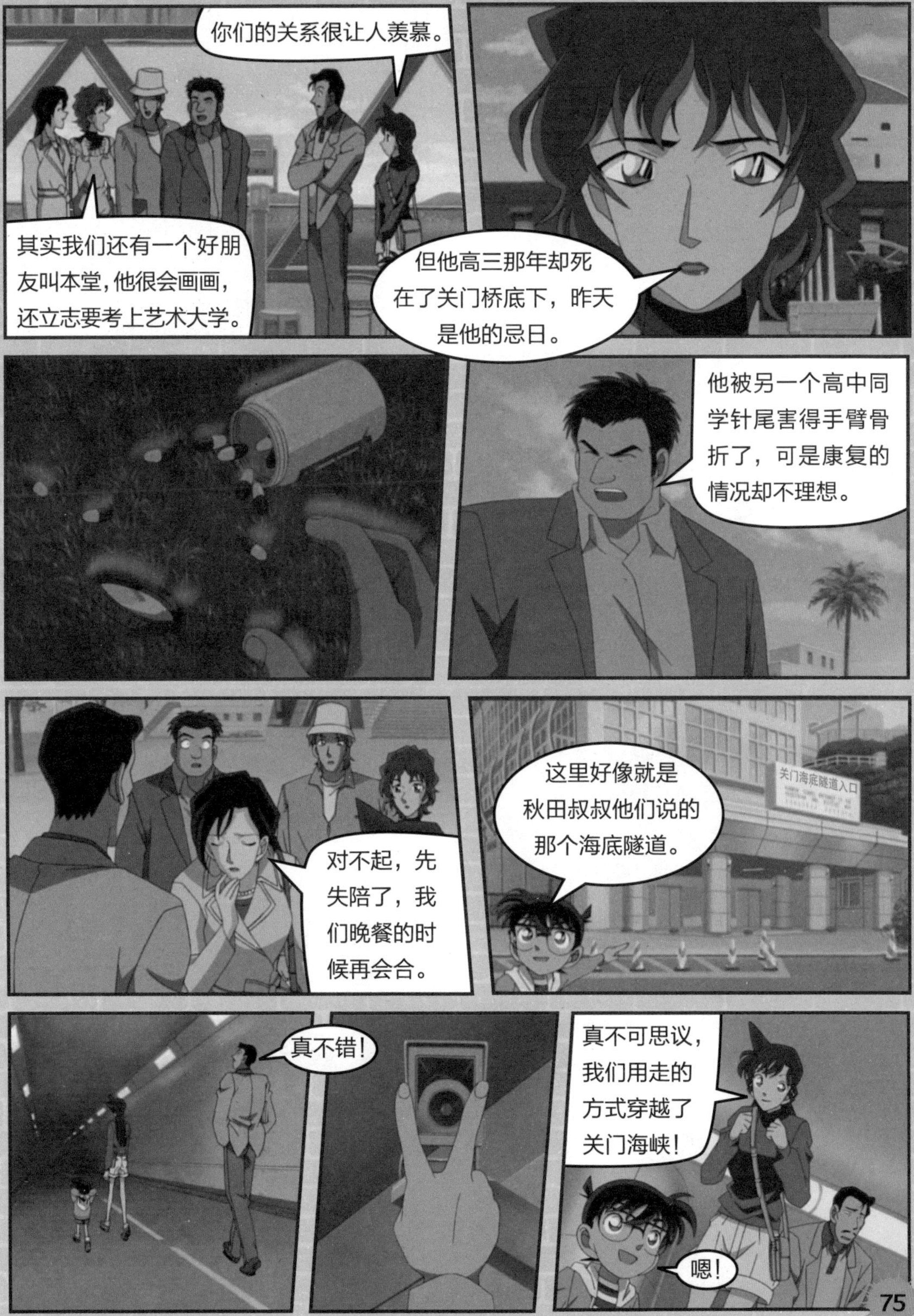
你们的关系很让人羡慕。
其实我们还有一个好朋友叫本堂，他很会画画，还立志要考上艺术大学。
但他高三那年却死在了关门桥底下，昨天是他的忌日。
他被另一个高中同学针尾害得手臂骨折了，可是康复的情况却不理想。
对不起，先失陪了，我们晚餐的时候再会合。
这里好像就是秋田叔叔他们说的那个海底隧道。
关门海底隧道入口
真不错！
真不可思议，我们用走的方式穿越了关门海峡！
嗯！

真幸福啊！

秋田谷彻，你还是把公司卖了吧。

针尾？

有一家食品制造商对你的公司很感兴趣。

针尾清治

我是不会轻易把它卖掉的！

那你就等着倒闭吧。

啊

针尾清治将秋田谷彻推倒。

慢着，针尾同学，难道你不是因为本堂的忌日才回来的吗？

什么本堂？我不认识。再会了！

他太过分了。

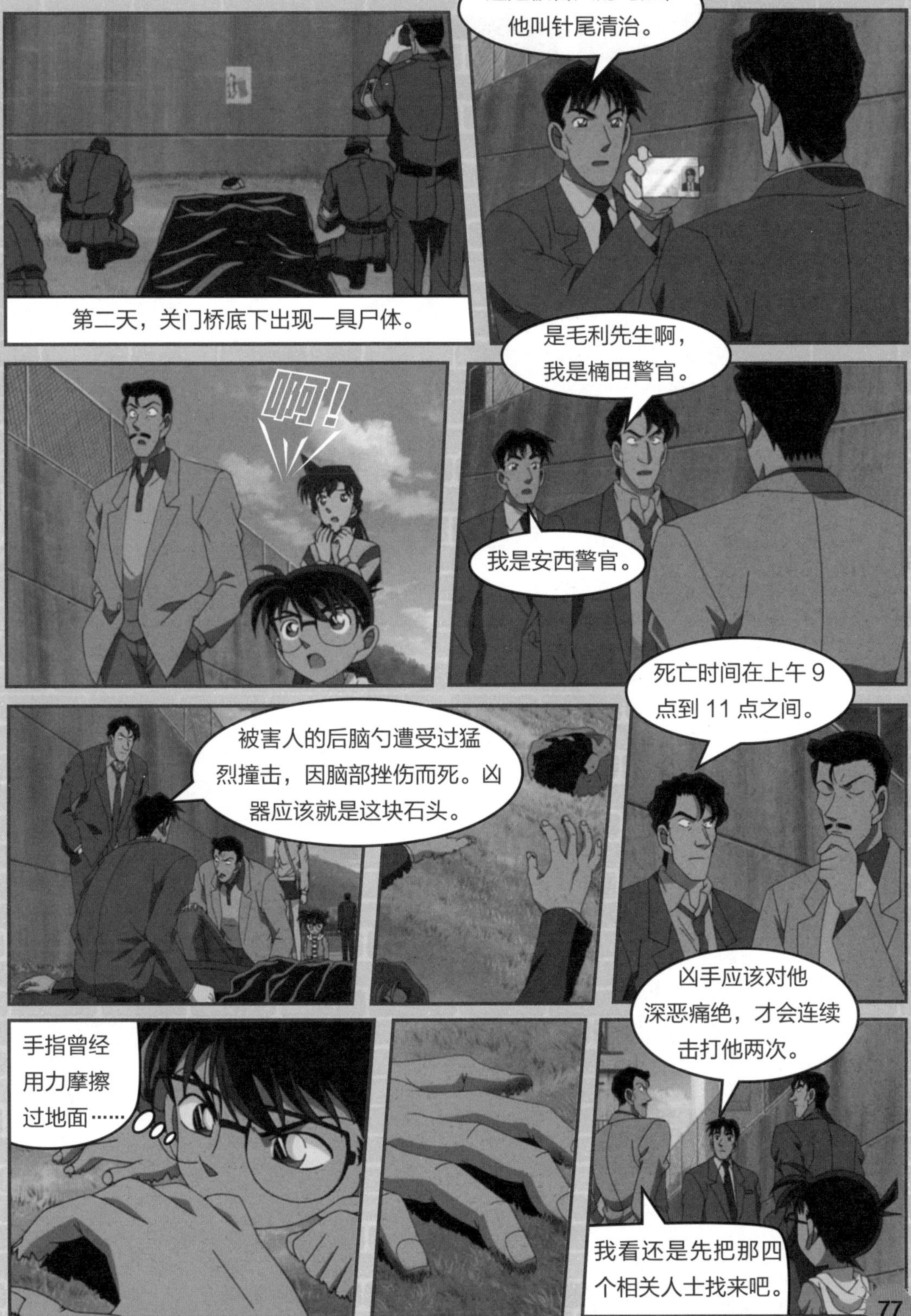

第二天，关门桥底下出现一具尸体。
这是被害人的驾照，他叫针尾清治。
啊！
是毛利先生啊，我是楠田警官。
我是安西警官。
被害人的后脑勺遭受过猛烈撞击，因脑部挫伤而死。凶器应该就是这块石头。
死亡时间在上午 9 点到 11 点之间。
凶手应该对他深恶痛绝，才会连续击打他两次。
手指曾经用力摩擦过地面……
我看还是先把那四个相关人士找来吧。

请各位说说今天上午都在哪里，做了什么。
我先是去了公司，然后再到唐户市场拜访客户。那时候快要 11 点了。
唐户市场
我本来在市区开车乱逛，直到接到了小茜的电话。
10 点 50 分我们在海响馆碰头了，一起看了 11 点开始的海狮表演。
我和小茜原本在门司港买东西，10 点之后各自离开了。
可我走到下关时想起忘了一件东西，就坐上 11 点的渡轮回门司港了。
那时候，我还看到了在海响馆的小茜和荣子，对吧？

我在监视着你，不信的话就看看海响馆这边吧。
哈哈，大坪在挥手呢。
对了，上午针尾还打电话给我，说本堂的“鬼魂”正在追他。
啊？
世上没有鬼，你别胡说八道。
那时候我还和客户在一起，时间大概是11点。
我感觉当时他那边有很大的回音。
陈尸现场附近能产生回音的地方……是海底隧道吗？
隧道里应该装设了监控录像。
我马上去调查。
大概是今天上午11点吧。
这个人一直在隧道里跑来跑去，但后面并没有人追他。

我们已经确认了各位的证词，大家可以回去了。
我们先走了，荣子。
眼镜？那么他们的不在场证明就不成立了。
我总觉得哪里不对劲。
隧道里的监控录像是在隧道最上方吧。
最上方？
摄像机是从斜上方拍摄的，所以看不清那个人的脸。
我记得秋田先生是在 11 点之前来找我的，之后在这里待了 1 个小时。
这中间他接到过一通电话。

我记得这两位小姐在栏杆那里打过电话。
然后就去看11点开始的海狮表演了。
渡轮职员说不记得大坪先生今天搭过船。
荣子姐姐平常只有在开车的时候才会戴眼镜。
但是他不是有井坂小姐和荣子小姐作证吗？
那荣子小姐一定是被其他三个人利用了，她看到的人根本不是大坪。
那两位客人接到一通电话之后表情很惊讶，然后慌张地离开了。
我果然猜得没错。
柯南来到门司港的店铺核实大坪圭介和井坂茜的证词。
嘀嘀嘀——
局里说，刚才荣子小姐去自首了。

上午10点左右我把针尾带到关门桥底下，希望他向本堂道歉，可他……
我干吗要向他道歉?
等我回过神来，他已经被我打中后脑勺，然后倒地不起了。
我觉得还是把他们三个再请过来比较好。
杀害针尾的凶手不是荣子小姐，而是你们三位。
早上10点以后，你们把针尾约出去，将他杀害，然后巧妙地制造了自己的不在场证明。
首先由大坪先生乔装成针尾。
秋田先生则打扮成大坪先生。
井坂小姐打电话给荣子小姐相约见面。

10 点 50 分，井坂小姐和荣子小姐在海响馆见了面。
当时向他们挥手的，其实是乔装后的秋田先生。
他们利用荣子小姐近视的弱点，为大坪先生制造了不在场证明。
然后秋田先生把大坪先生的衣服藏起来，再去唐户市场见客户。
11 点，大坪先生用被害人的手机打了通电话给秋田先生。
我说得没错吧。
叔叔说错了。
嗖
我要对我刚才的猜测做一些纠正。

我猜秋田先生为了拒绝公司被收买一事，一早就去找了针尾。
到了却发现荣子小姐早他一步将针尾带走了。
他一路跟着，目睹了一切。
10 点多，大坪先生和井坂小姐因为一通电话而慌张地从门司港离开。
是秋田先生打来的电话。
他们赶到现场后，决定用我刚才说的方法来掩盖荣子小姐的罪行。
虽然荣子小姐用石头敲昏了针尾，但他其实并没有断气。
死者的后脑勺上明显留下了被两次击打的痕迹。

真正导致针尾死亡的是在他清醒后遭遇的第二次攻击。
能做到这一点的，只有目睹荣子小姐离开后仍在现场的秋田先生。
没错，是我做的…… 但你是怎么知道他清醒过一次的?
因为死者的指甲部分附着了大量泥土和青草。
手掌内侧也有用力摩擦地面留下的痕迹。
当时死者应该是用左手按住伤口，用右手支撑身体试图站起来。
而根据荣子小姐的说法，死者的手上应该不会有这些痕迹才对。
我想你就是在那时候对他进行攻击的吧。
是的，因为我不情愿公司就这么被收购……

阿笠博士科学馆

极限工程

欢迎来到“阿笠博士科学馆”，我是发明家阿笠博士。

人类一直在挑战自己，建造高耸入云的大厦、深入地下的隧道、横跨江河的大桥……在科技的支持下，人们把设计与施工发挥到极致，建造出很多极限工程。

深入地下的隧道

隧道是一种地层内的工程建筑，既能够有效提高空间使用率，也能够让交通更加便捷。

情景假设一

你要从 A 地去 B 地，但是中间隔了一座大山。

情景假设二

你要从 A 地去 B 地，但是中间隔了一片海。

情景假设三

你要从 A 地去 B 地，两地之间有一座桥，但是非常拥堵。

提问：请你想出一个办法，同时解决以上三个情景遇到的问题。

答案：建造地下隧道。

英吉利海峡隧道

开工时间： 1987 年
开通时间： 1994 年
两端： 英国多佛港和法国加来港
长度： 约 51 千米
构成： 三条各长 51 千米的平行隧道
荣誉： 世界上第二长的海底隧道
作用： 极大地缩短了由欧洲其他国家往返英国的时间

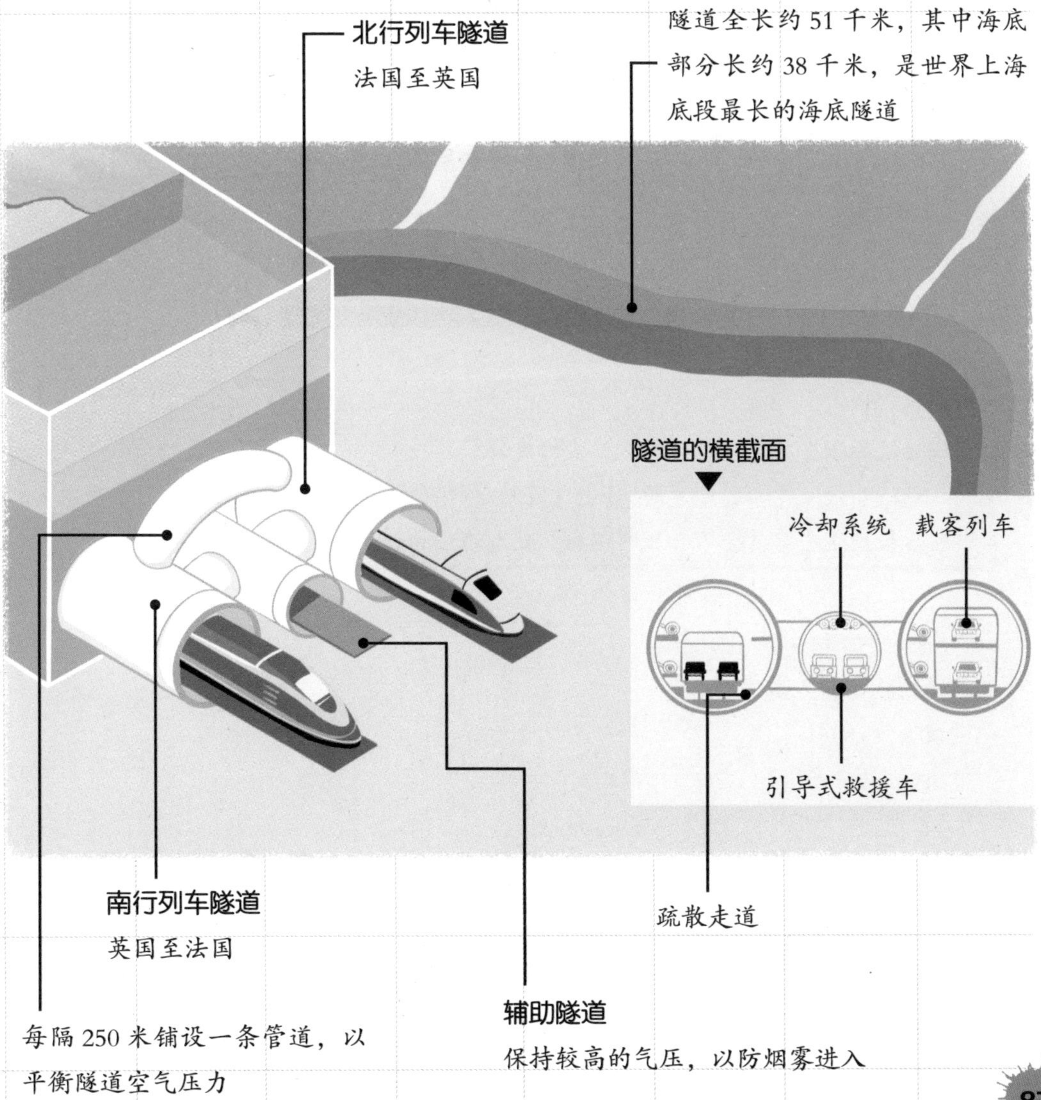

高耸入云的房子

要建造一座摩天大楼，最先要克服的问题是自重，防止大楼自身的重量将地基压得粉碎。

要想克服自重的难题，需要做两件事：合理设计建筑物的框架和采用正确的建筑材料。

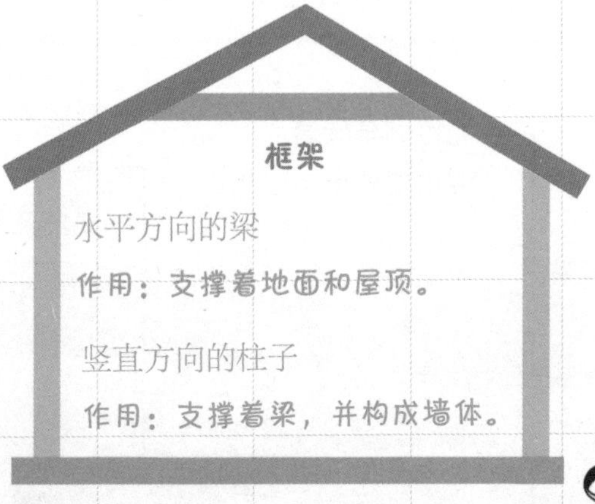

框架
水平方向的梁
作用：支撑着地面和屋顶。
竖直方向的柱子
作用：支撑着梁，并构成墙体。

材料：钢

钢比铁的强度更高，是一种更结实的建筑材料。

人们还必须做复杂的计算题：建造建筑的材料有多重和建筑里面的东西有多重。然后检查这些重量会不会压断钢和混凝土的梁和柱子。

美国纽约帝国大厦
建筑高度：381 米
建成时间：1931 年

世界最高建筑的纪录，它保持了40年左右。

马来西亚吉隆坡石油双塔
高度：452 米
建成时间：1998 年

它是世界上最高的双塔建筑。

中国台北 101 大楼
高度：508 米
建成时间：2004 年

它很坚固，能够抵御台风和地震。

美国纽约世界贸易中心一号楼
高度：541 米
投用时间：2014 年

它的高度 1776 英尺（约 541 米），是为了纪念美国《独立宣言》签署的年份。

沙特阿拉伯麦加皇家钟塔饭店
高度：601 米
投用时间：2012 年

它拥有世界上最大的钟盘。

中国上海中心大厦
高度：632 米
投用时间：2016 年

它采用了螺旋上升的设计，能够减小风力载荷。

阿联酋迪拜哈利法塔
高度：828 米
建成时间：2010 年

它是世界上最高的塔楼。

连通陆地的大桥

有两块陆地被深谷、河流或者大海分开了，如果想以最快的速度从一块陆地到达另外一块陆地，你有什么好办法?

最好的办法就是建造一座大桥，将两块陆地连接起来。

港珠澳大桥

动工时间：2009 年
投用时间：2018 年
总长度：55 千米
连通：香港 — 澳门 — 珠海

最高荣誉

世界上最长的跨海大桥。
世界上最长的钢结构大桥。
拥有世界上最长的海底沉管隧道。

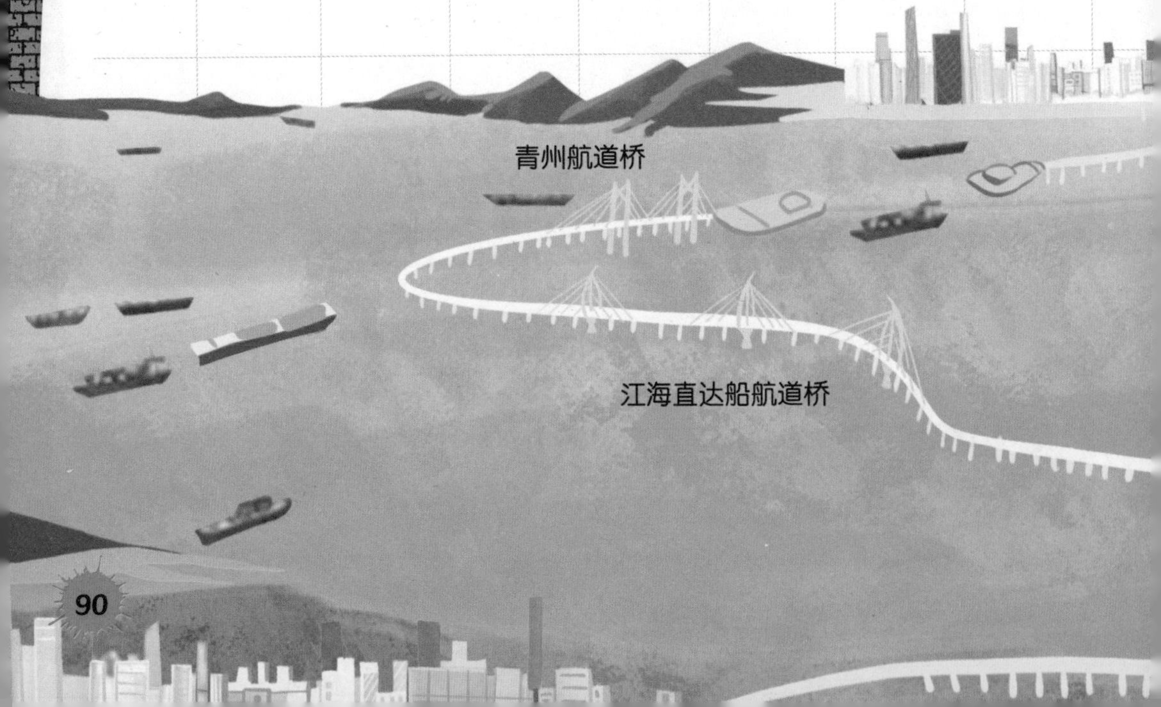

建筑结构

1. 三座通航桥：

青州航道桥：是钢结构斜拉桥，造型体现“中国结”元素。

江海直达船航道桥：是钢结构斜拉桥，造型以“中华白海豚”为原型。

九洲航道桥：是钢结构斜拉桥，造型像帆船。

2. 一条海底隧道

位于香港大屿山岛和青州航道桥之间，通过东西人工岛连接其他桥段。

由33节巨型沉管和1个合龙段接头共同组成。

3. 四座人工岛

东西人工岛是水上桥梁与水下隧道的衔接部分。

4. 连接桥隧

5. 非通航孔连续梁式桥

6. 港珠澳三地陆路联络线

拦蓄水源的大坝

我们生活的地球，表面超过70%的面积被水覆盖着。但是，大部分的水都是海水，可供我们维持生命的淡水只有很少的一部分。

几千年来，我们一直在寻找巧妙的办法来存储珍贵的水资源，而修建大坝挡住河流，就是最好的蓄水办法。

建造一座大坝，可以形成一个大湖或者水库，里面的水可以用于灌溉、发电，以及供千家万户使用。

三峡大坝

1 当今世界最大的水力发电工程。

三峡大坝全长约2335米，2006年全线修建完成。 2

3 三峡水电站2018年发电量突破1000亿千瓦时。

三峡大坝建成后，长江下游再也没有出现严重的洪涝灾害。 4

令人吃惊的真相

河狸是世界上最优秀的动物工程师。它们会用树干堆起水坝，形成水池，然后在水池边搭建自己的窝。

世界上最大的河狸坝有850米长。

河狸竟然能用大大的门牙咬断木头搭建水坝，真是太厉害了！

三峡大坝的数据

1. 三峡大坝为混凝土重力坝
2. 主体工程的土石方挖填量约 1.34 亿立方米
3. 混凝土浇筑量约 2800 万立方米
4. 耗用钢材 59.3 万吨
5. 安装 32 台 70 万千瓦水轮发电机组

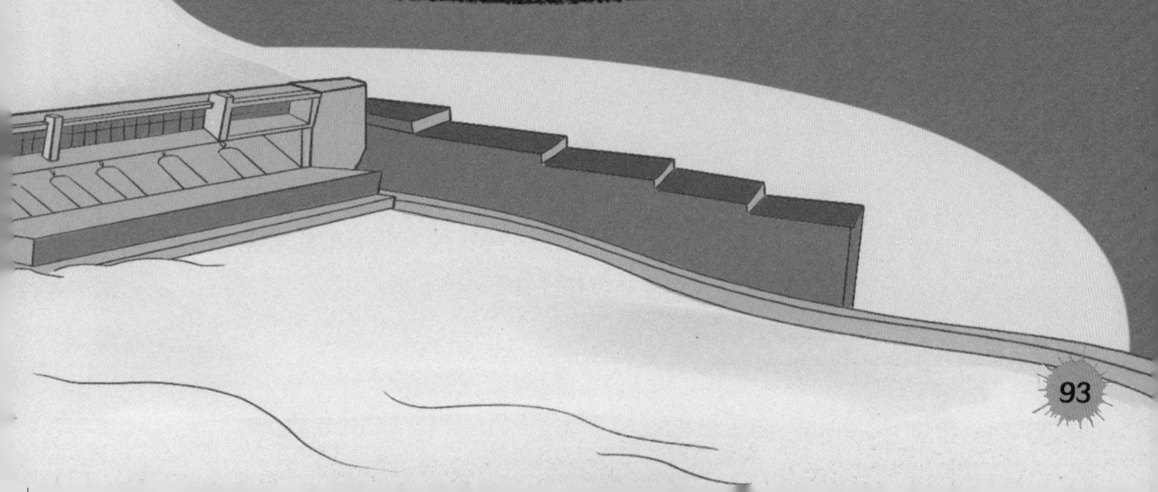

建在海底的房子

在海底建房子，似乎是个不可能完成的任务，因为有很多问题必须要解决：

什么材料才能抵抗水的压力，以防建筑物漏水；

如何在又湿又软的海底，建造稳定的地基；

…………

不过，随着技术的进步，不可能完成的任务已经变成了现实。人们之前已经在水下建造了不少建筑物，如跨海大桥、钻井平台，现在还建造了水下餐厅。

伊特哈餐厅

1. 它位于马尔代夫的伦格里岛海平面之下5米的地方。
2. 它靠一个丙烯酸隧道顶住了巨大的水压。
3. 隧道是透明的，人们可以一边品尝美食，一边欣赏海底美景。
4. 仅用5个月就修建完成。

海底餐厅是如何建造的？

1. 先建造一个钢框架，然后用混凝土填充。

2. 在框架上建造丙烯酸隧道，仔细密封好，确保没有渗漏。

3. 在马尔代夫的海底凿入四个巨大的钢管桩。

4. 用一艘大驳船将这座175吨重的建筑运到马尔代夫。

5. 工程人员将85吨的沙子放到建筑内部，让它朝着桩柱下沉。

6. 通过浇筑混凝土，将建筑物和钢管桩连在一起。

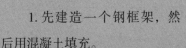

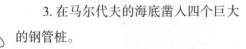

盖在冰上的房子

南极是地球上最不适合人类居住的地方之一，不过为了进行科学研究，人们依然在这里建了科学考察站。

在南极盖房子与在其他地方截然不同，因为这里的地面总是在变化。每年冰上的雪都会越积越厚，或者冰架会裂开。为了应对这种情况，英国建造了一个可以移动的科考站，并于 2013 年投入使用。

1. 由八个模块组成，有些是用来生活和休息的，其他的则是实验室。
2. 每个模块都由巨大的液压腿来支撑。
3. 模块上覆盖着包板，能够保持建筑物内部的热量。
4. 模块内部颜色明亮，能帮助使用者在一片灰白的景色中振奋精神。

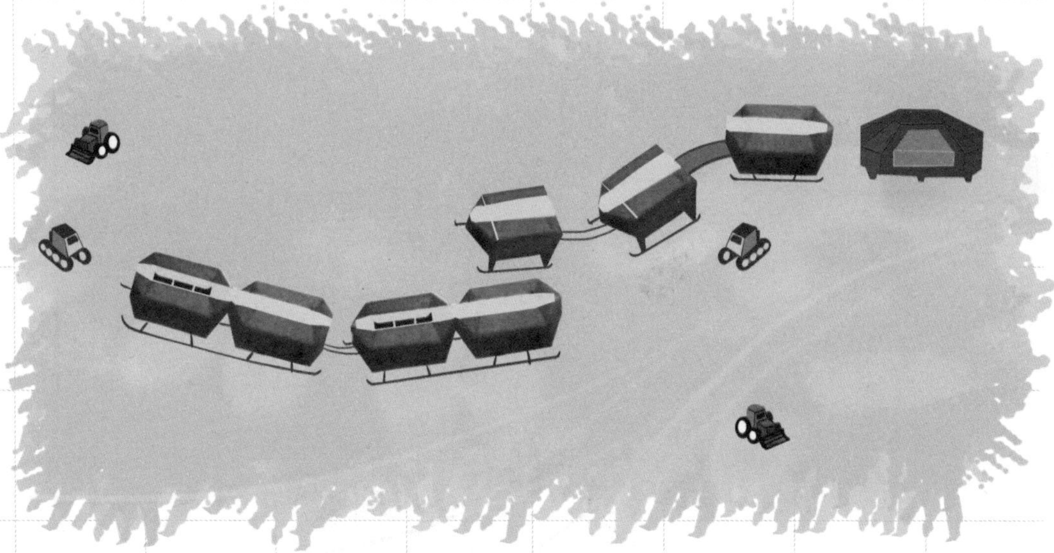

如何移动它?

首先把模块分离开，然后将模块连到运输机车上，机车拖着模块穿过雪地，到达新的地点。

侦探入门测试 4

想成为一名洞察世事的优秀侦探，你首先要有足够的知识储备。用知识武装头脑，用科学解开谜题。

如果你是一名工程师，你想建造一座大桥、大坝，还是一座摩天大楼？请把你的设想画下来，并做简单的描述。

名称：

设计者：

特别之处：

1.

2.

3.

主观题，请你给自己打分吧！满分 20 分。

得分合计：

烹饪教室

意外事件

侦探之眼

只要借助一个在
日常生活中
不起眼的东西，
就能让眼睛习惯黑暗。

烹饪教室意外事件

上森美智的烹饪教室在上课的过程中突然停电了，黑暗中有人用尖锐的东西在她的背上造成了致命伤。破案的关键竟然跟隐形眼镜有关。

让我来介绍一下大家。
毛利兰带着毛利小五郎和柯南到烹饪教室学习法国料理。
我是上森老师的助手。
小宫山祐子
上森美智的助手
这位是矢代和枝小姐。
矢代和枝
服装店店主
这位是西谷宏明先生。
西谷宏明
法国料理厨师
这位是上森薰小姐，是老师的儿媳妇，以前当过护士。
上森薰
上森美智的儿媳妇
一定是老师回来了。
嗒嗒嗒——

您回来了，老师。
肩膀痛死了，西谷，麻烦你帮我按一下。
上森美智
法国料理课老师
可以了，我去换衣服。
我去一下洗手间。
请问洗手间在什么地方？
你从那扇门出去，左边走到尽头就是了。
我也去一下。
祐子……
咦？
是小兰啊，抱歉，我看错了。

现在开始上课。
西谷先生戴着戒指做菜啊，太不专业了。
我忍不住了，我要出去抽根香烟。
厕所的后面有一个后门可以出去。
啪！
唰！
嗯？
祐子，你快去机房看看空气开关打开没有。
啊！

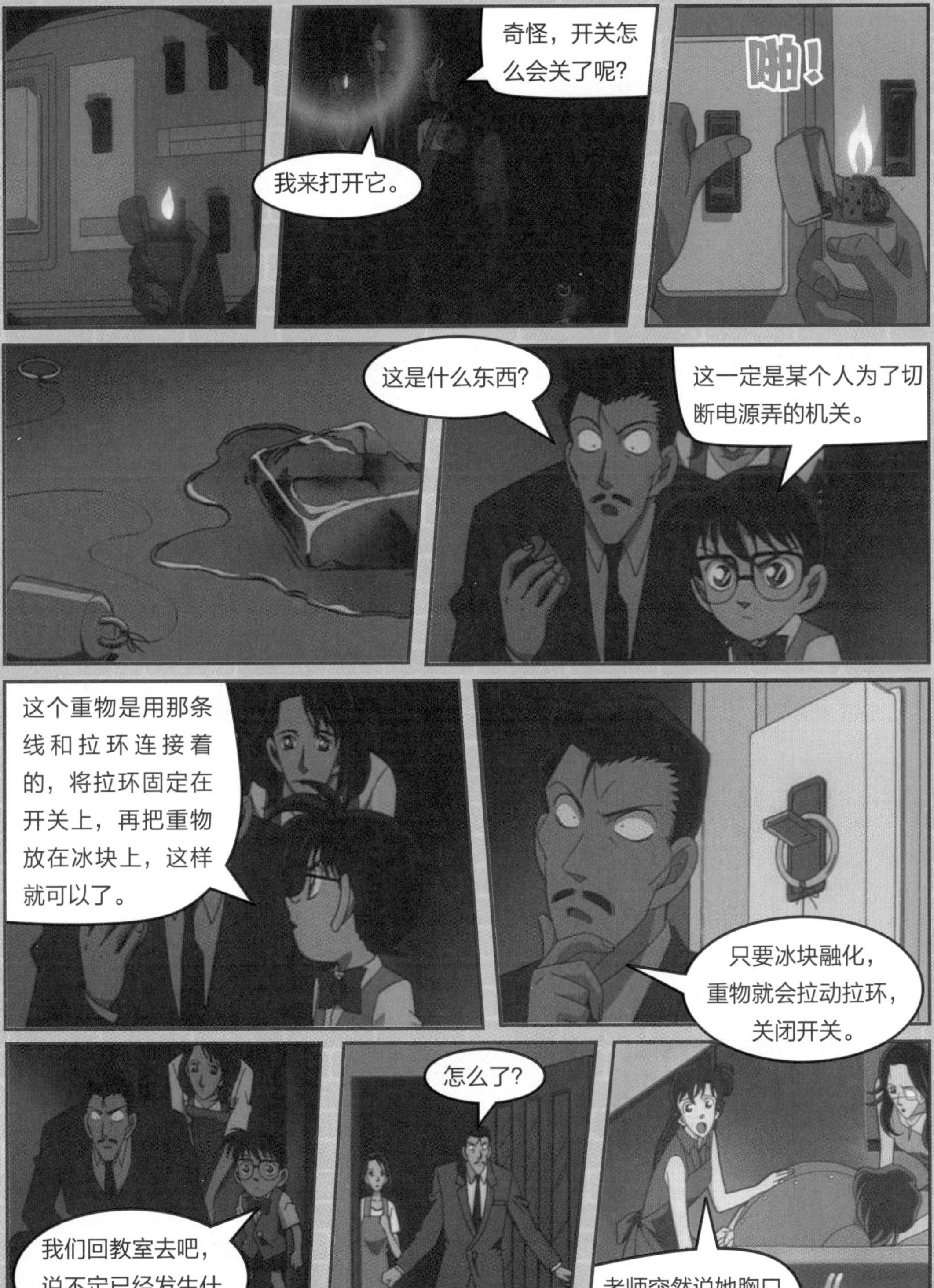

奇怪，开关怎么会关了呢？
我来打开它。
啪！
这是什么东西？
这一定是某个人为了切断电源弄的机关。
这个重物是用那条线和拉环连接着的，将拉环固定在开关上，再把重物放在冰块上，这样就可以了。
只要冰块融化，重物就会拉动拉环，关闭开关。
我们回教室去吧，说不定已经发生什么事了。
怎么了？
老师突然说她胸口痛，而且呼吸困难。

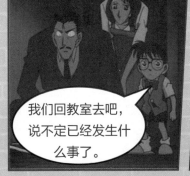

玻璃门被打开了。
我的背好痛……
看来事情不简单。
阿姨背部有个小红点，位置就在右肺部。
小兰，立刻去叫救护车并联络目暮警官。
这是怎么回事?
上森太太的背部被人用尖锐的东西刺到，留下了一个红色斑点。
如果是用冰锥刺伤的，很可能会刺到内脏。
会是谁干的呢?
停电后，小兰他们听到了玻璃门被打开的声音，所以可能是外人。
但我们也不能排除在屋子里的这几个人。
最后碰到玻璃门的是谁?
应该是西谷先生。

怎么样?
玻璃门的内、外侧门把手上，都只有西谷先生一个人的指纹。
但是外侧门把手的指纹很完整，内侧的却有一点缺失。
可见歹徒是从里面把门打开的，或许还用了手帕来避免留下指纹。
这么看来，歹徒就在你们当中。
好，我知道了。
这时，目暮警官接到了从医院打来的电话。
上森太太因为肺出血所引发的呼吸困难身亡了。现在这是一起凶杀案了。
现在就请四位把你们带的东西全部放到桌子上面。
嘀嘀嘀——
围裙、圆珠笔、食谱……
看来没有人带冰锥、铁针之类的东西。

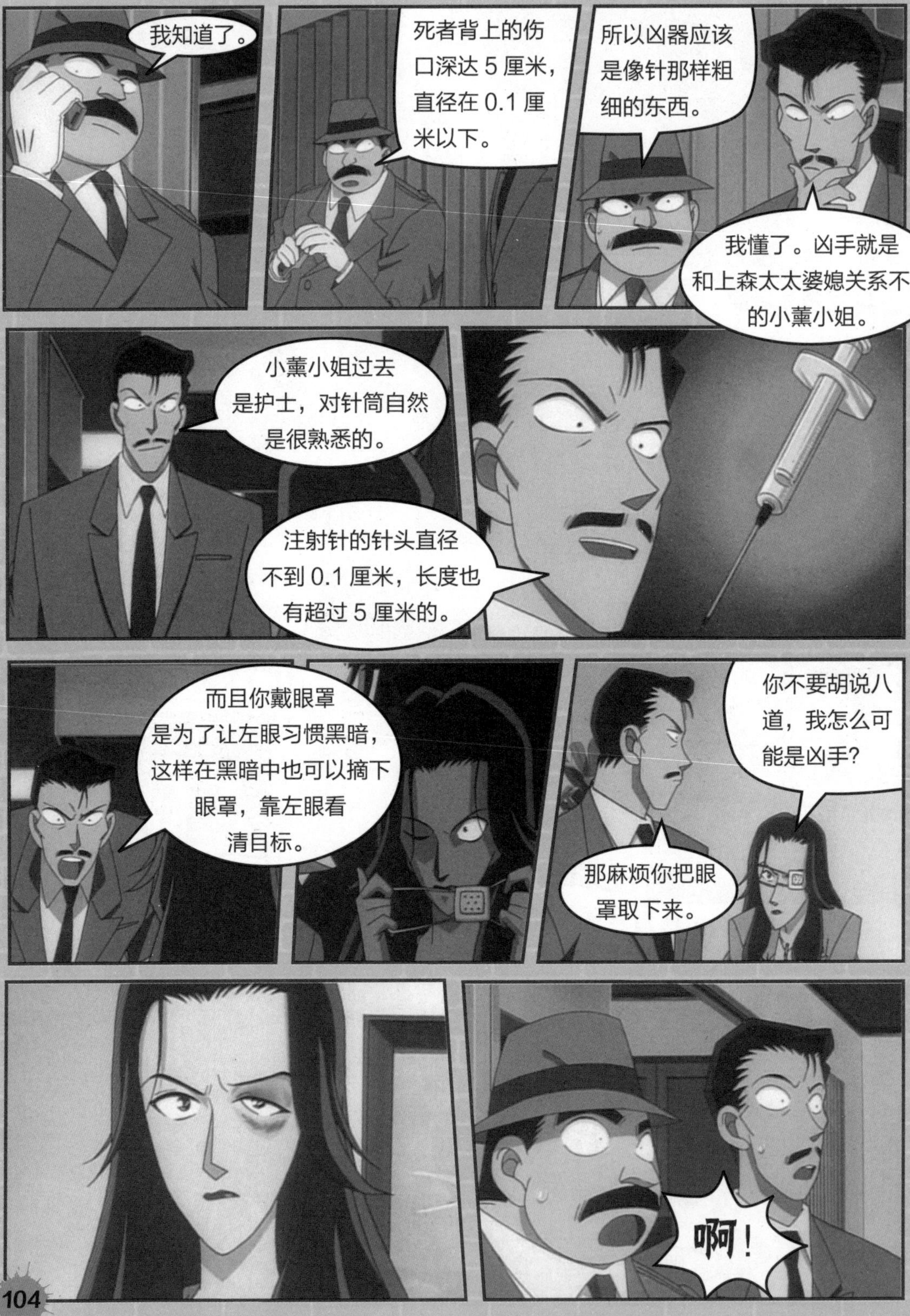
我知道了。
死者背上的伤口深达 5 厘米，直径在 0.1 厘米以下。
所以凶器应该是像针那样粗细的东西。
我懂了。凶手就是和上森太太婆媳关系不好的小薰小姐。
小薰小姐过去是护士，对针筒自然是很熟悉的。
注射针的针头直径不到 0.1 厘米，长度也有超过 5 厘米的。
而且你戴眼罩是为了让左眼习惯黑暗，这样在黑暗中也可以摘下眼罩，靠左眼看清目标。
你不要胡说八道，我怎么可能是凶手?
那麻烦你把眼罩取下来。
啊!

告诉你们，另外三个人也有非常充分的杀人动机。
矢代小姐，27 年前我婆婆抢了你男朋友，还结婚了，你很恨她吧。
西谷先生，你得不到我婆婆的金钱援助，自己开店的美梦破灭了吧。
祐子，我亲眼看到你哭着跟我婆婆抗议她抢走你的食谱。
她还对你冷言冷语的，你应该很恨她吧。
这么说，你们在场的四位的确都有杀害上森太太的动机。
啊，这里有一个随身缝纫包。
这根缝纫针十分符合凶器的尺寸。
但是缝纫针插进去了就很难拔出来了。

对了，如果有那个东西就可以做到了。
要想在黑暗中找到老师的位置，只要一个不起眼的东西就能办到。
难怪那时候他会认错人。那东西应该掉在这附近。
找到了。
行凶的针头有可能被藏在衣服里，所以必须对大家进行搜身检查。
找到了，就是它！
凶手会把凶器藏在哪里？

警官，西谷先生和三位女士身上没有任何发现。
目暮警官，我们是不是可以走了？
嗖——
啊！
不能走，我已经知道凶手是谁了。
杀害上森太太的人就是你，西谷先生。
只要戴上深色的隐形眼镜……
隐形眼镜？
就算在黑暗中，你一样可以知道上森太太的位置。
对，他在案发前一直戴着一种类似太阳眼镜的深色隐形眼镜。

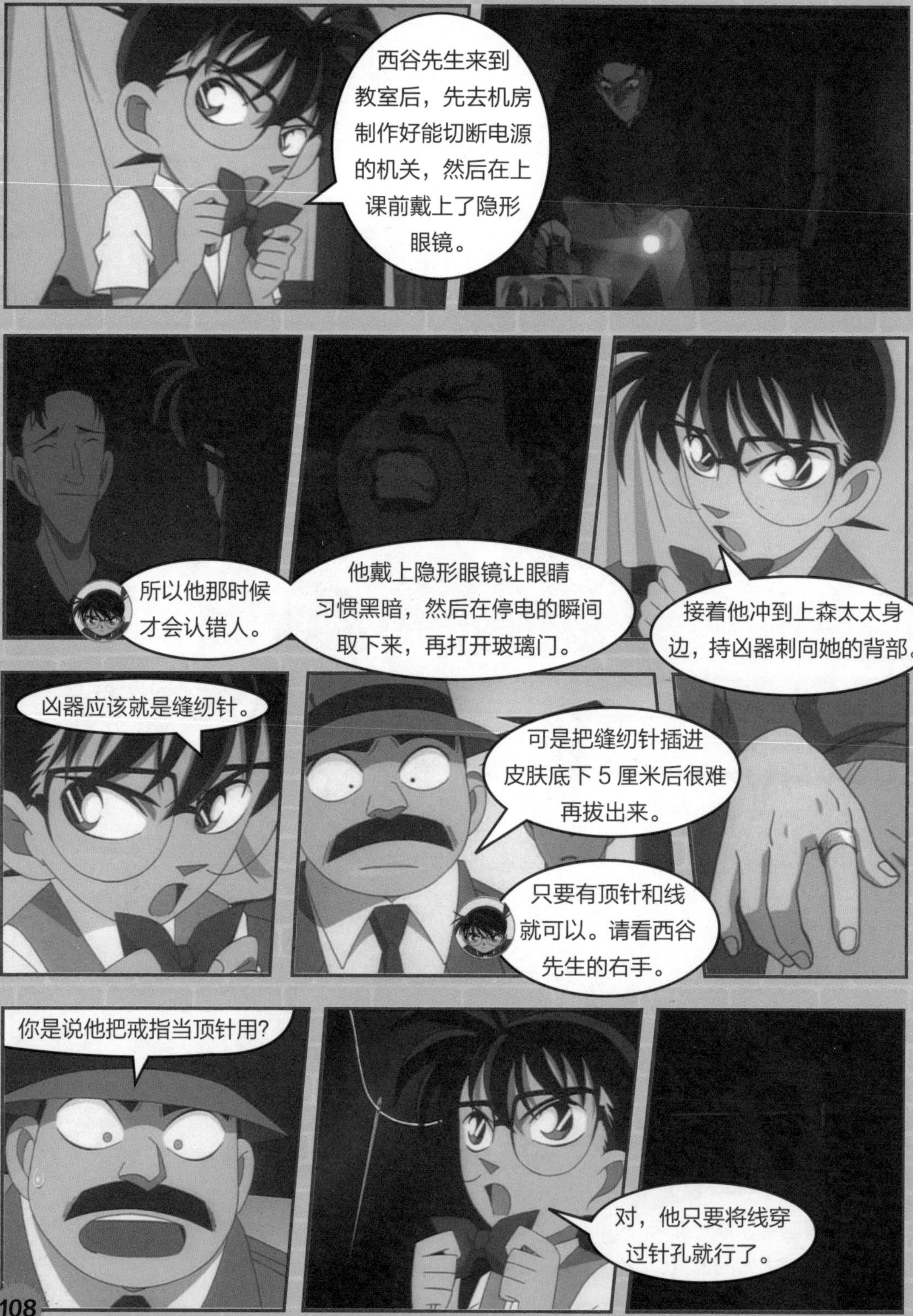
西谷先生来到教室后，先去机房制作好能切断电源的机关，然后在上课前戴上了隐形眼镜。
所以他那时候才会认错人。
他戴上隐形眼镜让眼睛习惯黑暗，然后在停电的瞬间取下来，再打开玻璃门。
接着他冲到上森太太身边，持凶器刺向她的背部。
凶器应该就是缝纫针。
可是把缝纫针插进皮肤底下 5 厘米后很难再拔出来。
只要有顶针和线就可以。请看西谷先生的右手。
你是说他把戒指当顶针用?
对，他只要将线穿过针孔就行了。

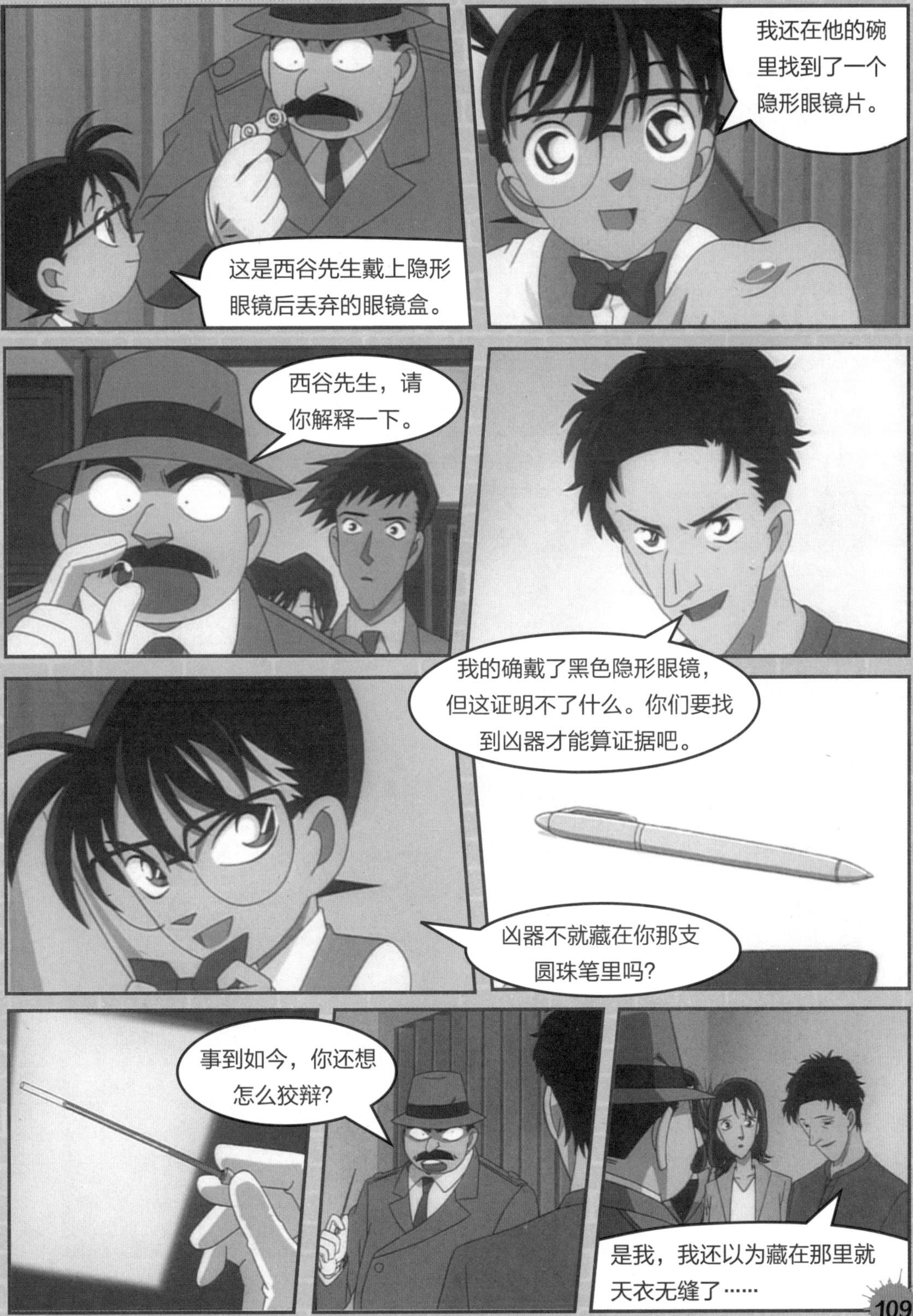
这是西谷先生戴上隐形眼镜后丢弃的眼镜盒。
我还在他的碗里找到了一个隐形眼镜片。
西谷先生，请你解释一下。
我的确戴了黑色隐形眼镜，但这证明不了什么。你们要找到凶器才能算证据吧。
凶器不就藏在你那支圆珠笔里吗?
事到如今，你还想怎么狡辩?
是我，我还以为藏在那里就天衣无缝了……

阿笠博士科学馆

人工器官

欢迎来到“阿笠博士科学馆”，我是发明家阿笠博士。

小朋友，眼镜能帮助近视的人们看得更清楚。如果眼睛出现了严重的问题，我们要怎么办呢？别怕，科学家们已经发明了人工眼，还有其他人工器官。一起去看看吧！

人工器官是什么

人工器官是利用人工材料和电子技术制造出来，辅助人体正常运作的机械装置，分为植入式和体外式。

最早的体外式人工器官在20世纪40年代就出现了。当时一名荷兰医生利用透析技术，为他的病人过滤掉血液中的废物。他的这项发明与现在的血液透析机原理相同，而人工肾脏是由早期的血液透析机发展来的。

血液透析机能够把血液导出，过滤掉血液中的废物，然后再将干净的血液导回病人体内。

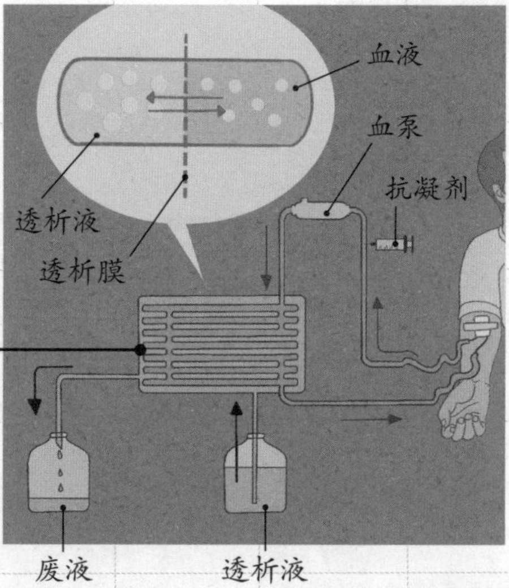

如果把我们的身体比作一台机器，身体器官就是这台机器的零件。当机器零件出现问题时，可以修理、更换。而当人体器官出现问题时，我们有时也能用人工器官替换“身体零件”。

人工器官发展阶段

第一阶段　支架型器官

代表：骨骼、韧带、皮肤、血管。

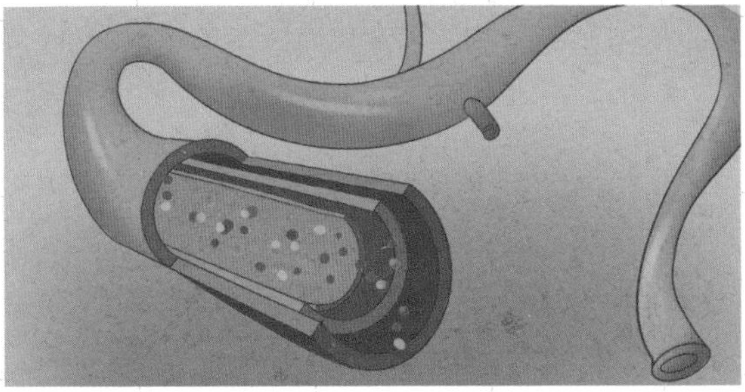

人工血管

材料：塑料类材料

作用：

1. 在手术中，人工血管可以暂时辅助输送血液。
2. 可以直接用于血管的重建，安装在病人体内。

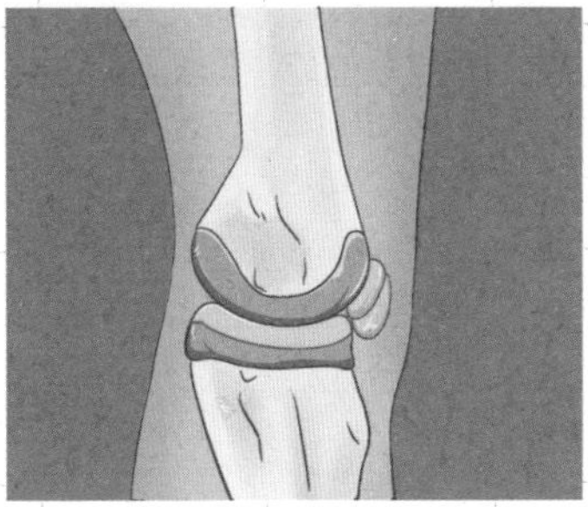

人工关节

材料：金属、陶瓷、聚乙烯等材料

作用：人工关节普遍用于老年人和运动员身上，可以使用二三十年。

第二阶段　脏器

代表：肝、肺、肾、胃。

作用：模拟原有器官的功能。例如肝脏可以帮助人体排毒，所以人工肝脏就具有模拟肝脏排毒的功能。

第三阶段　人工神经

代表：人工耳、人工眼。

作用：模拟神经的功能。

人工神经是一种电子装置，由芯片和微电路构成。人工神经能够模拟神经的作用，目前主要应用于人工耳和人工眼。

人工耳

发展档案

20 世纪 60 年代，人工耳开始发展。

医生利用简易的电极直接刺激听障者的听神经，听障者能够听到“吱吱吱”的声音。

经过改良，人工耳从单一电极发展成多电极，听障者能够听到更立体的声音。

到了现代，人工耳采用微电子技术，尺寸缩小，能够简易地安装在听障者的耳朵中。

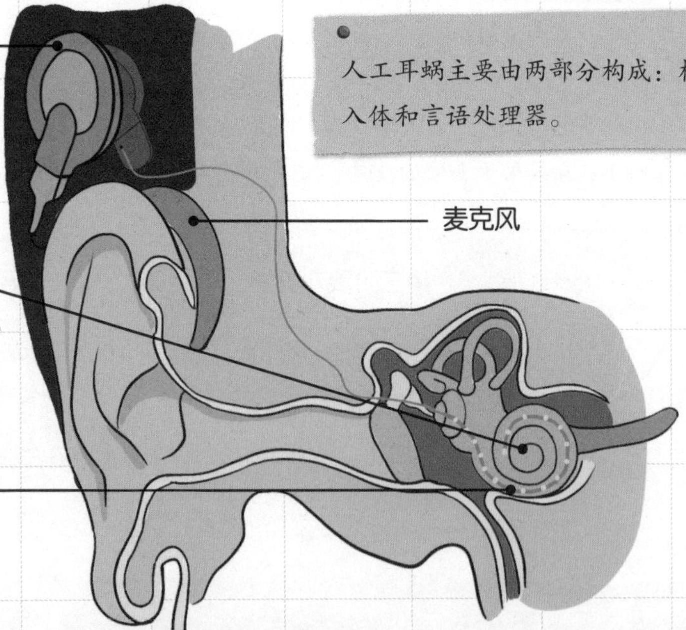
声音接收器
将声音转变成数字信号，传到耳朵内的耳蜗
耳蜗
耳蜗上的电极可以刺激神经纤维
电极束
电极可以将不同的声音转化成不同信息，刺激耳后听神经。听神经将信息传递到大脑，产生听觉
麦克风

人工耳蜗主要由两部分构成：植入体和言语处理器。

人工眼

人工耳蜗成功后，科学家又将这个思路应用到眼睛上。2014年，人工视网膜开发成功。

人工视网膜小档案

适用人群：视网膜剥离患者，如重度近视者。

构成：一块电子芯片，上面有许多电极。

功能：将环境中的信息（光波）转换成神经可以传递的信息。

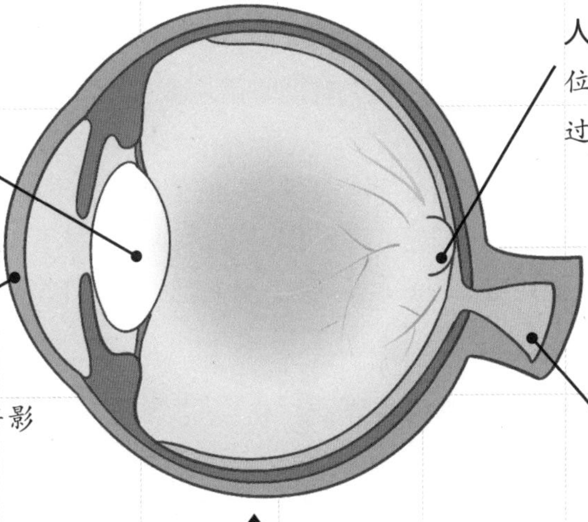

位于视网膜的位置，通过电极刺激视神经

像摄像机的镜头，将影像折射到视网膜上

将信息传递给大脑

▲眼睛工作原理

人工眼的原理是在人工眼球上架设一台微型摄像机，然后将影像投射在视网膜上，产生电信号传给视神经，从而让全盲的人也能看见东西。

人工眼的整个眼球都是人造的。

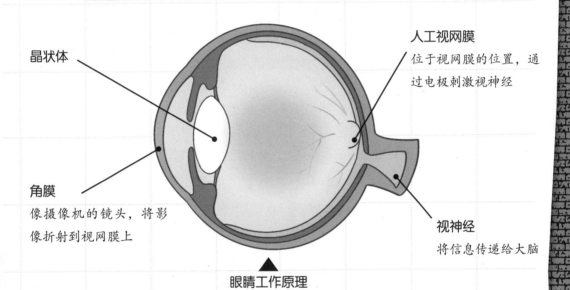

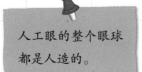

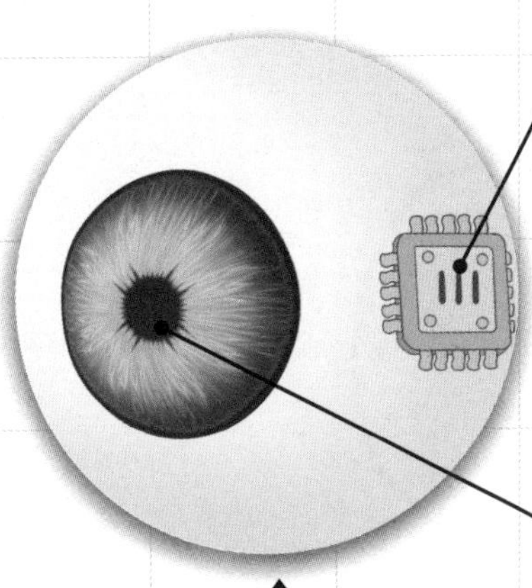

微型芯片
芯片控制微型摄影机，利用投影技术，将影像投射在视网膜上。
微型摄像机

▲人工眼模拟图

人工心脏

人工心脏是人工器官中最复杂的。它必须具备两种功能：

1 输送血液

2 与人体神经系统相连

人工心脏有两种：

辅助人工心脏和完全人工心脏。

辅助人工心脏

辅助人工心脏是由心脏起搏器发展过来的，包括左心室辅助、右心室辅助和双心室辅助。可以将心房或心室的血液引流到辅助装置，通过血泵升压，再回到动脉系统，维持血液循环。

在我们的心脏中有一种细胞，叫起搏细胞。它们能够引起心脏跳动，让心脏将血液压缩出去。一旦这群细胞出现问题，就会出现心脏衰竭、心律不齐的现象。

心脏起搏器能够利用电击刺激起搏细胞，让它们稳定工作，维持心脏的正常运作。

辅助人工心脏和心脏起搏器的装置相似，不过它们的功能不同。

心脏起搏器：刺激心脏跳动。

辅助人工心脏：控制心跳，帮助心脏压缩血液。

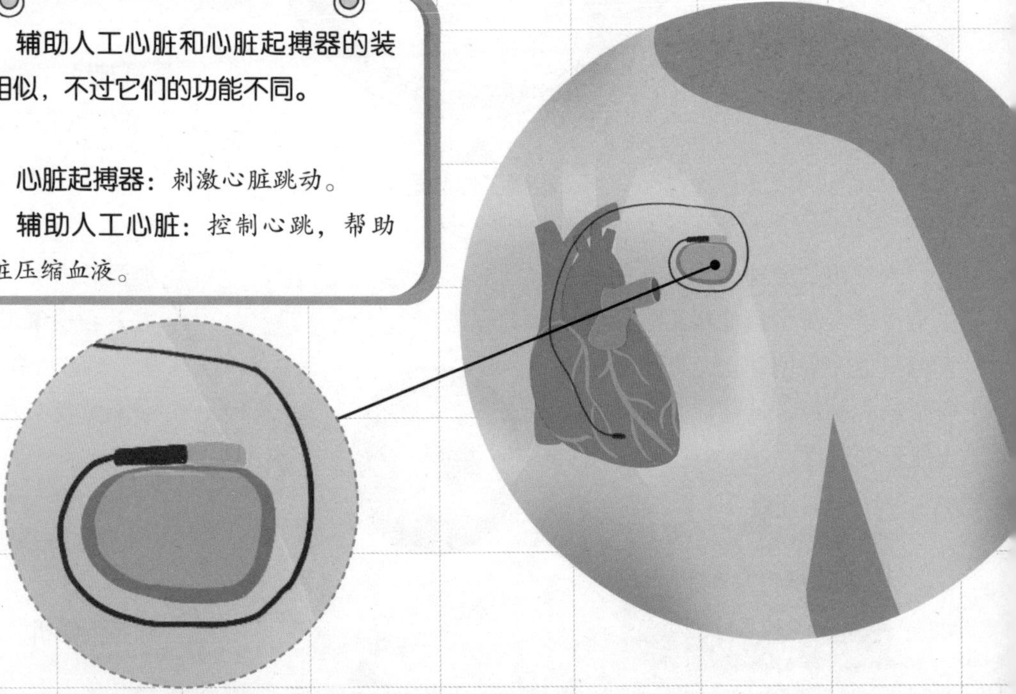

心脏起搏器

辅助人工心脏控制心跳的频率，利用血泵将左心室中的血液导出，注入大动脉，替代心脏推动全身的血液循环。

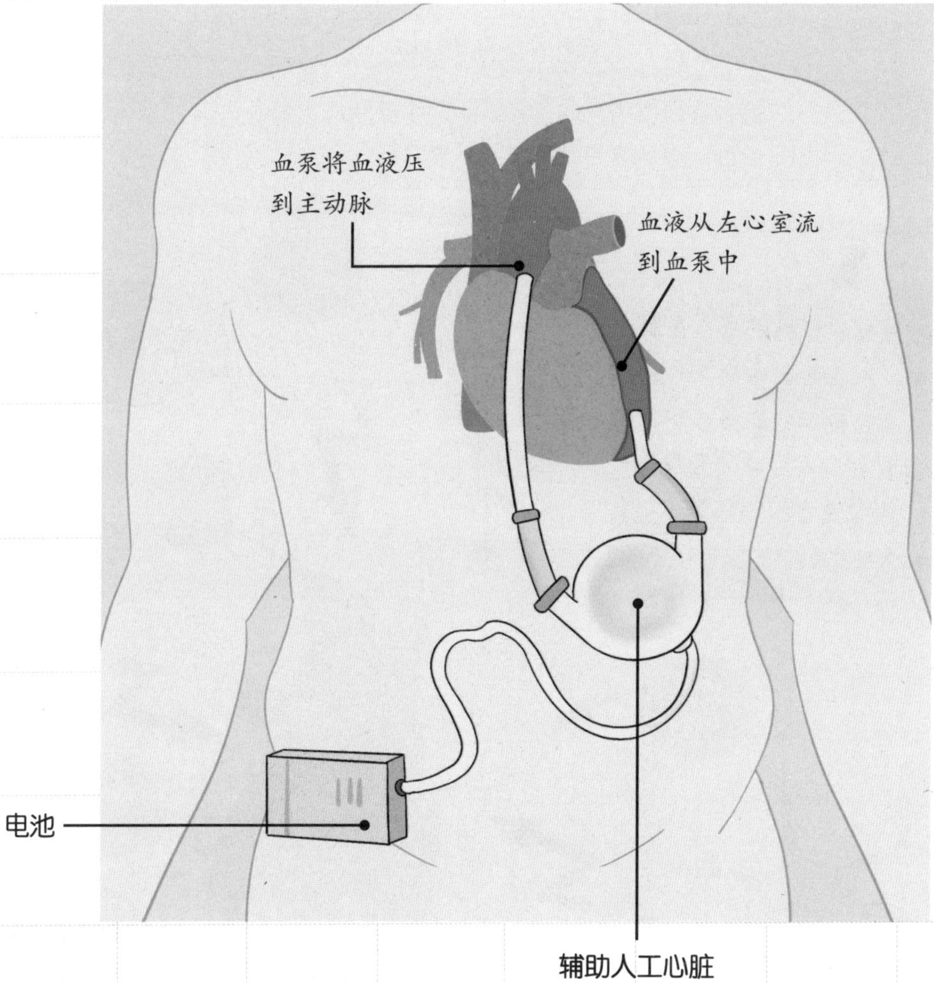
血泵将血液压
到主动脉
血液从左心室流
到血泵中
电池
辅助人工心脏

完全人工心脏

在完全人工心脏的研究方面，我们还有很长的路要走。

完全人工心脏采用牛皮加合成材料制成，上面有多个血管进出口。虽然有多个完全人工心脏移植成功的案例，但大部分患者存活时间都不长。

人工器官新思路

前面提到的人工器官都是由机械和电子元件组成的，它们都需要充电，还容易受电磁波影响。为了解决这个问题，科学家们正积极寻找其他替代办法。

办法一：器官移植

器官移植是将其他个体的器官移植到病人身上。

缺点：难以找到配型成功的器官等。

移植器官配型指的是，在器官移植前，医生会比对病人和捐赠者的人类白细胞抗原等，以免移植的器官被病人自身的免疫系统攻击，造成器官组织坏死，进而导致病人死亡。

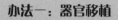

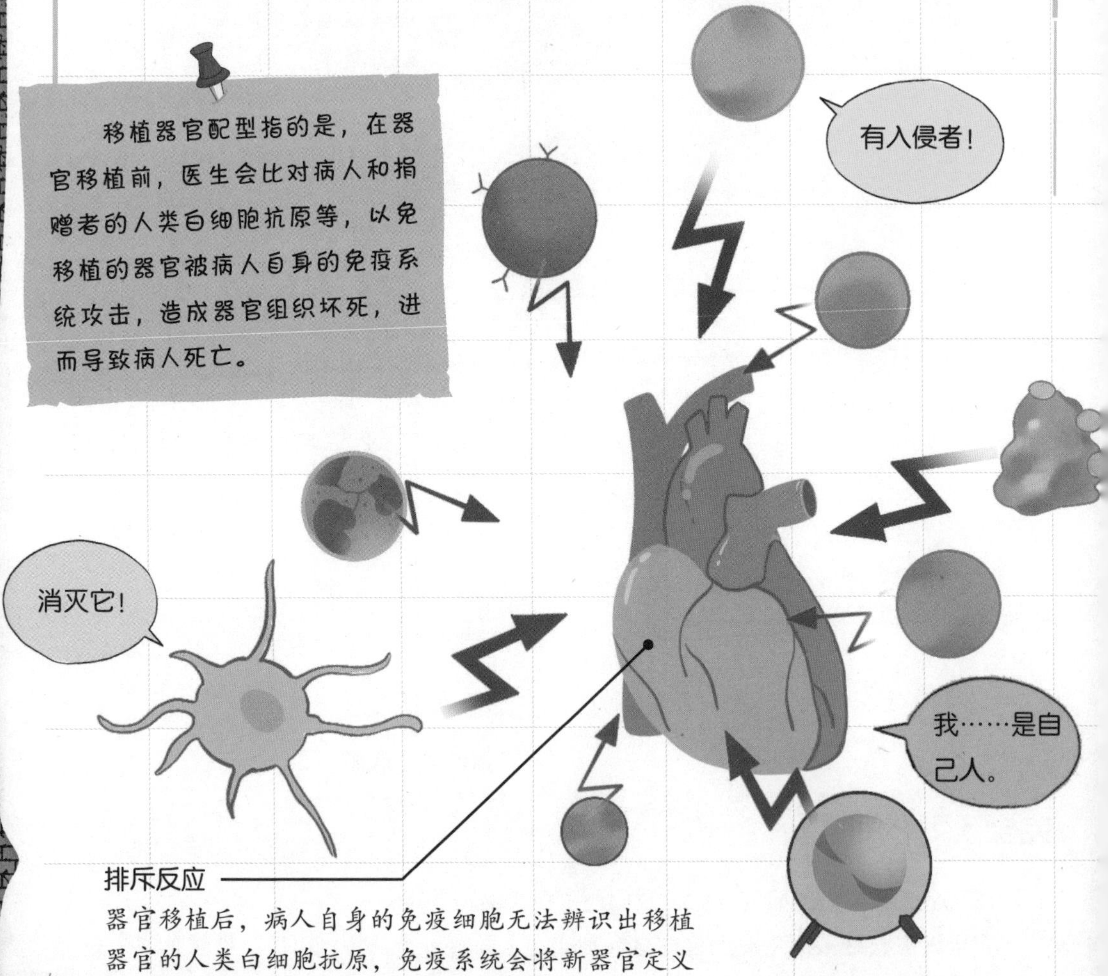

排斥反应

器官移植后，病人自身的免疫细胞无法辨识出移植器官的人类白细胞抗原，免疫系统会将新器官定义为“危险入侵者”，并命令免疫细胞攻击它。

办法二：用干细胞制造器官

干细胞是一种非常神奇的细胞：它具有分化成身体不同类型细胞的能力。

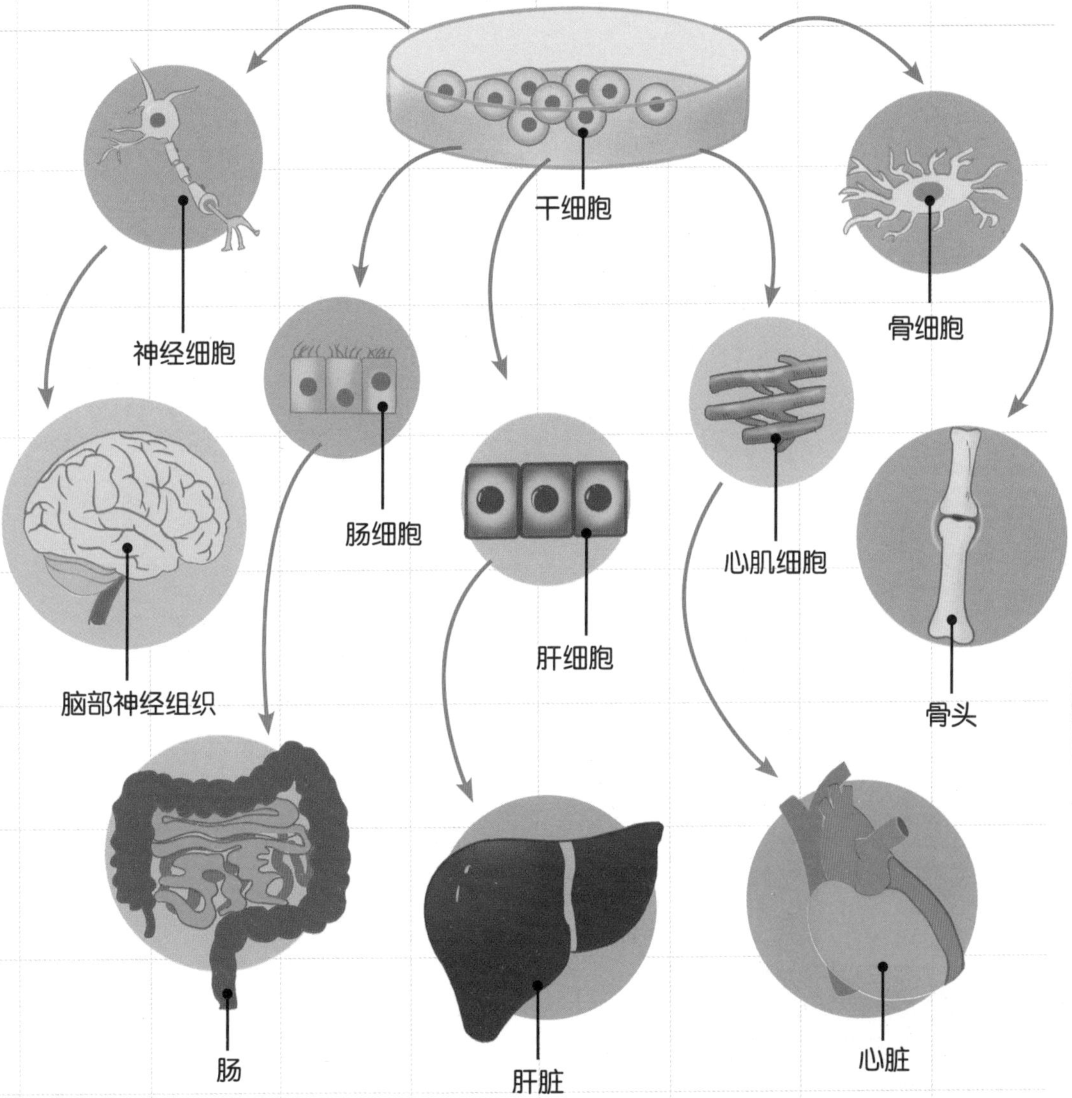

科学家的研究目标是，干细胞分化成各种细胞后，让细胞能够合成各种器官。这样就不再会出现排斥反应。当然，要完全实现这一目标，还需要长时间的努力。

培植干细胞

干细胞是全能的，能分化成多种细胞。但是，干细胞主要存在于人体发育过程中的胚胎细胞中。出生后，体内的干细胞就会逐步减少。

那么，我们要如何获得干细胞呢？

天然干细胞

婴儿出生后，残留在胚胎和脐带中的血液被称为脐带血。脐带血中富含各类干细胞。

保存方法：新生儿出生后，立即将脐带血保存在极低温的液态氮中。

人工获得干细胞

人工获得干细胞有三种方法。

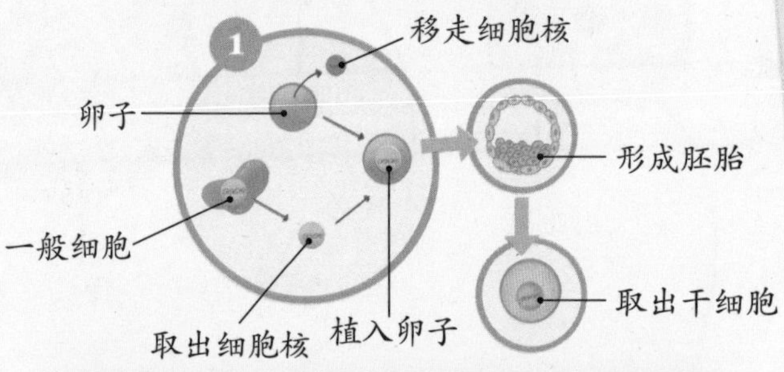

第一种：将一般细胞的遗传物质（细胞核）植入卵子中，让它长成胚胎干细胞。

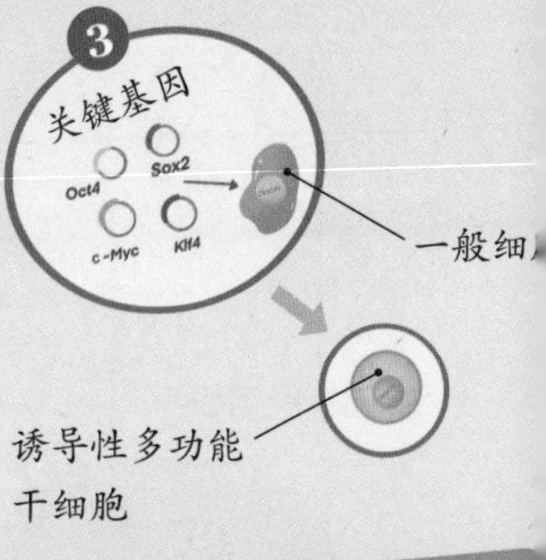

第三种：在一般细胞中加
四种关键基因，对它进一步诱
生成干细胞。

第二种：将干细胞和一般的细胞融合，使干细胞具有一般细胞的遗传物质。

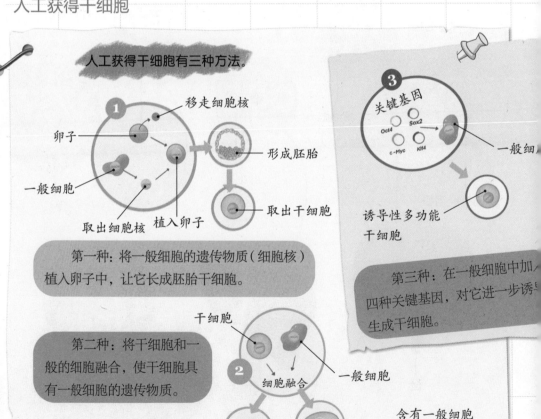

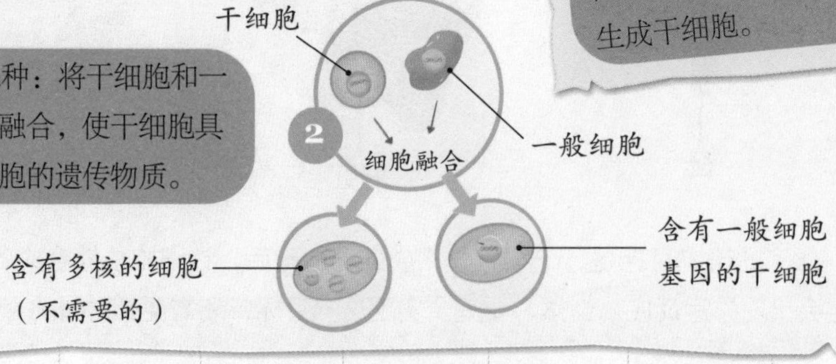

干细胞制造器官

用干细胞制造器官，需要先从病人体内取出一般的细胞，将它诱导成干细胞，然后再诱导发育成病人的类器官，最后植入病人体内。

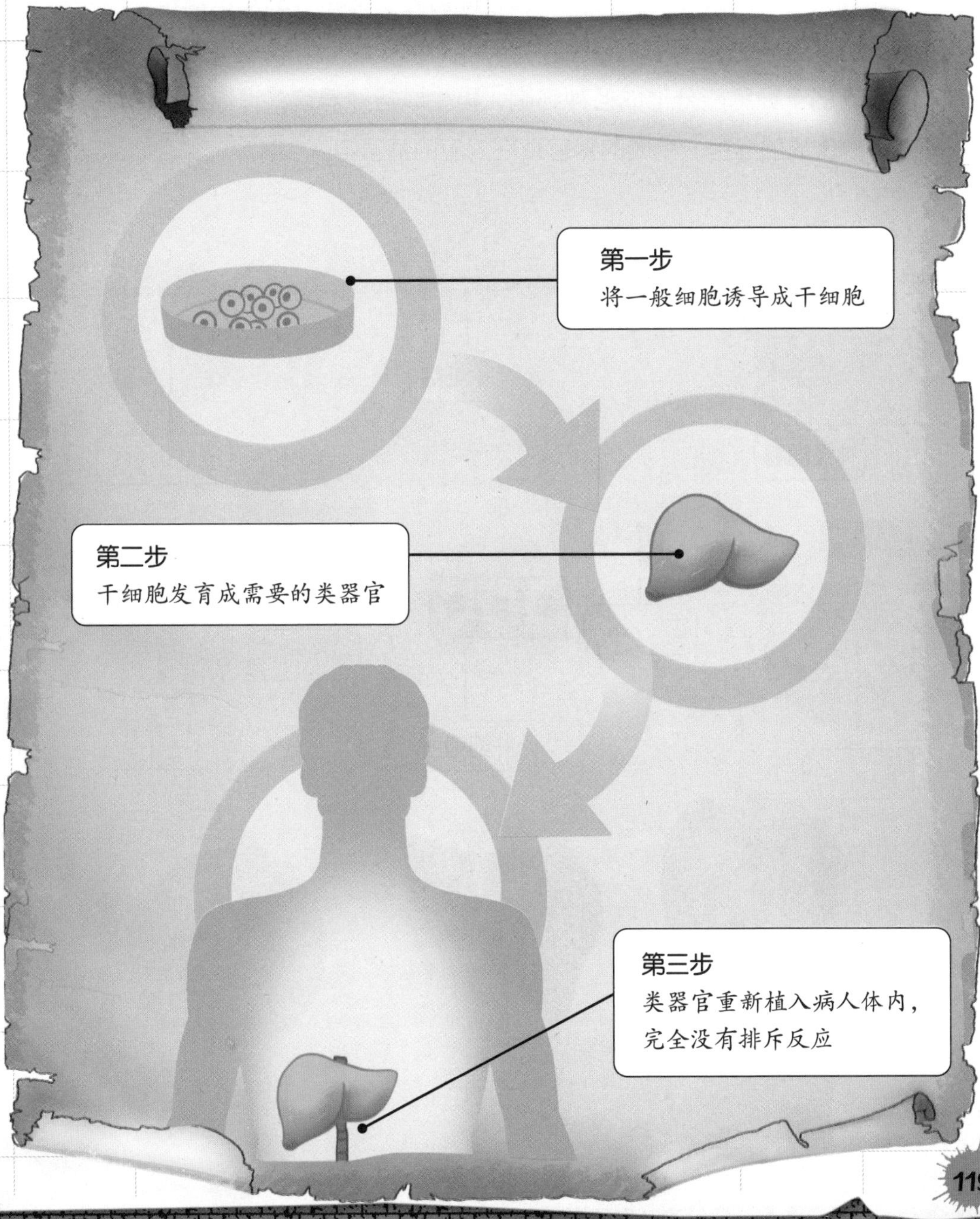

第一步
将一般细胞诱导成干细胞
第二步
干细胞发育成需要的类器官
第三步
类器官重新植入病人体内，完全没有排斥反应

侦探入门测试 5

想成为一名洞察世事的优秀侦探，你首先要有足够的知识储备。用知识武装头脑，用科学解开谜题。

神奇的干细胞能分化成各种细胞，再生成各种器官。请你根据图片，将干细胞分化成的细胞、生成的器官填在对应的括号中。

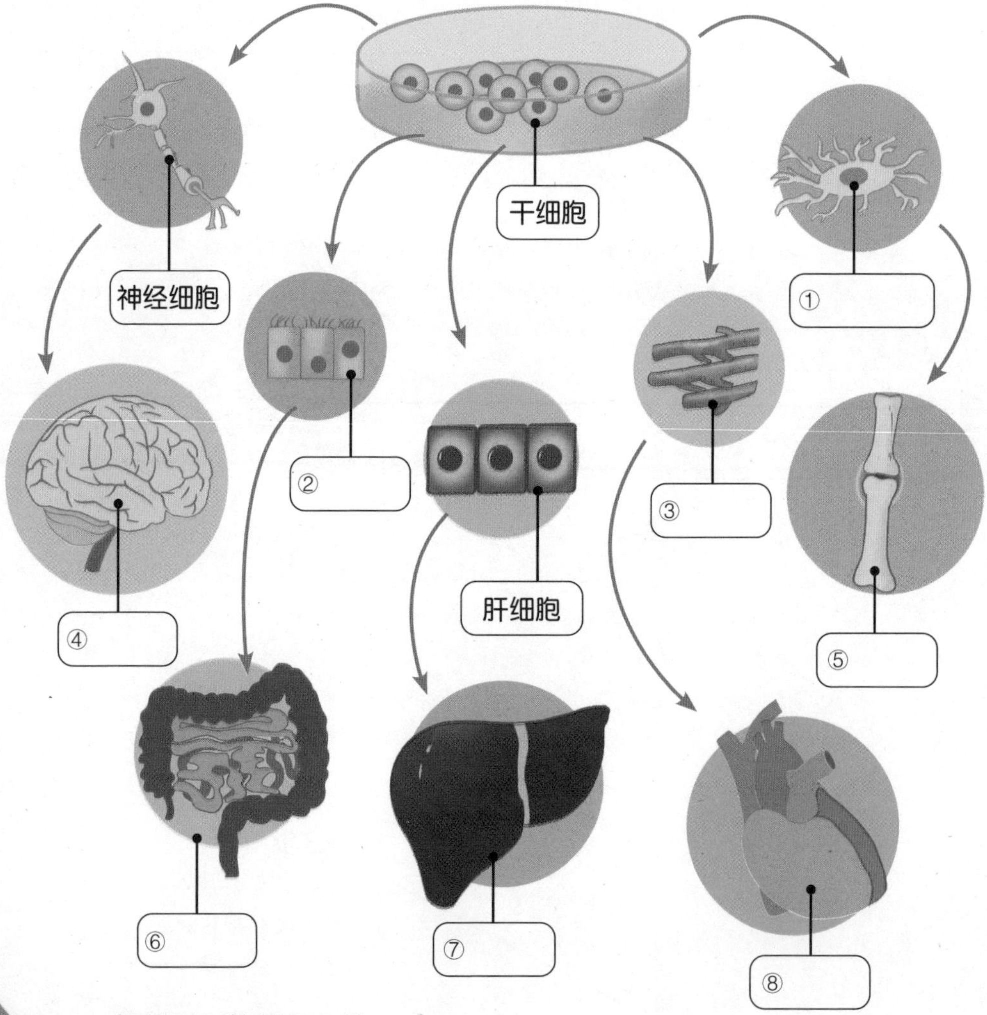

每填对一处得 2.5 分。

得分合计：________